글로벌 프로젝트 관리와 갑을문화

(E&C 산업을 중심으로)

조용일 지음

머리말

우리나라의 생산성은 OECD 국가 평균의 50~60%, 그 이유는 시스템의 비효율 때문

세상에는 지켜야 할 것과 변해야 할 것이 있다. 자유, 평화, 인권 등이 전자에 해당할 것이고, 편견, 오만, 독재 등이 후자에 해당한다. 일(Work)의 세계도 마찬가지다. 약속, 규칙, 표준 등이 **지켜야 할 것**에 해당하고, 혁신, 창의, 개선 등이 **변해야 할 것**을 위해 존재한다.

'지키는 것'은 경계를 벗어나지 않도록 보호하는 것이고, '변하는 것'은 경계를 허물어 밖으로 떨쳐 나가도록 하는 것이다. 세계를 조화롭게 만들어 가려면 이 두 가지가 각각 필요한 곳에 자리잡고 있어야 한다. 그런데 요즘에는 변해야 하는 것에 대한 얘기만 무성하고, 지켜야 할 것에 대한 얘기는 찾아보기 어렵다. 지켜야 할 것은 눈에 잘 띄지 않고 인정받기도 어려워 관심을 끄는 것이 쉽지 않기 때문이다.

사회가 발전하려면 교육 수준이나 근면성, 열정 등과 같은 자질이 필요하겠지만, 사회의 효율을 높이려면 **시스템**(사회의 각 조직이 관계를 맺고 움직이는 기본 프레임)이 잘 갖춰져야 한다. 동일한 노력을 기울이더라도 시스템이 잘 갖춰진 사회는 효율이 높고, 그렇지 못하면 효율이 떨어지기 마련이다. 똑같은 일을 한다 하더라도 시스템이 잘 갖춰진 사회에서는 남으로부터 많은 도움을 받게 되고, 시스템이 잘못 되어 있는 사회는 남에게 도움 받는 것은 별로 없이 스스로 많은 것을 해결해야 한다는 것이 서로 다른 점이다. 중국을 최초로 통일한 진시황의 최대 업적은 도량형(度量衡)

통일과 법치제도 확립에 있다고 말한다. 이 두 가지는 모두 사회를 움직이는 시스템을 구성하는 데 있어 가장 기본적인 요소이다. 우리나라에서는 조선 초기에 경국대전을 편찬하여 법치제도의 틀을 만들었지만 공정하게 적용되지 않아 그 효용을 다하지 못했고, 문물제도의 개선은 조선 후기에 와서야 실학파에 의해 제기되었으나 실생활에 반영되지 않고 그대로 사장되어 버렸다. 예를 들면 그들이 청나라의 문물을 보고 돌아와 벽돌을 사용할 것을 주장했는데, 이는 건축재료의 생산이나 운송, 시공의 효율을 크게 높일 수 있는 방안임에도 불구하고 실제로는 수원 화성 건축에만 사용되었다. 실학파는 그 외에도 도로 정비, 지도 제작, 위생시설 개선 등 여러 가지를 제안했지만 실행에 옮겨지지 않았다. 시스템의 비효율로 인한 결과는 가난과 차별로 남았다. 불행한 일이 아닐 수 없다.

시스템은 의식의 수면 위로 드러나는 것은 적으나, 사회 전체의 효율에 미치는 영향은 매우 크다. 시스템은 지켜야 할 것에 해당되는데, 우리나라에서 종종 무시되는 것이 바로 이 '시스템'이다. 전 세계적으로 보았을 때 한국인이 근면성, 교육수준, 열정이 우수함에도 불구하고 노동생산성이 OECD 국가 평균의 50~60%에 불과한 이유 중 큰 부분이 시스템의 비효율성이 차지한다. 이 책은 이러한 의미의 시스템에 대해 두 가지를 이야기한다.

첫 번째 이야기.

한때 지식경영이 세간의 화두로 떠오른 시기가 있었다. 조직 내 구성원들이 보유하고 있는 지식과 경험을 체계적으로 관리하여 업무에 활용하도록 한다면 대단히 큰 부가가치가 생겨날 것이라는 주장이 너무도 그럴 듯해 보이기 때문에 대기업들 사이에서는 열풍을 넘어 광풍 직전까지 갔었던 것을 기억하는 사람들이 많으리라 생각한다. 그 이후에는 마찬가지 이유로 통합자료관리체계를 구축하려는 시도가 또 한 번 업계를 휩쓸고 지나갔다.

논리적으로 보면 그들의 주장은 틀린 바가 없다. 기업 간 경쟁력의 차이는 지식과 경험의 차이에 많은 부분이 좌우되기 때문이다. 그러나 지식경영이나 통합자료관리체계를 구축하려는 시도가 자료를 완벽하게 통제하고 관리할 수 있다는 암묵적인 믿음 하에서 출발했다는 것이 그러한 시도를 모두 무용지물로 만들었다. 너도나도 그렇게 야심차게 추진했던 지식경영, 자료관리 시스템은 지금 대부분 사람들의 관심에서 멀어져 형식적으로 혹은 상징적으로 운영되는 사례가 많다.

현대사회에서 자료관리는 비단 위에서 이야기한 통합자료관리나 지식경영뿐만 아니라 모든 업무의 효율에 매우 큰 영향을 미친다. 자료를 어떤 형태로 관리하느냐에 따라 목적하는 업무가 이루어질 수도 있고 아닐 수도 있다. 이와 같이 자료관리가 모든 업무의 바탕이 되는 것인데도 불구하고 우리나라에서는 그저 부수적인 일 중의 하나로 치부되는 경우가 대부분이다.

자료는 사람의 뜻에 따라 만들어지지만 자료관리는 뜻대로 이루어지지 않는다. 자료를 제대로 관리하는 것은 어렵다. 매우 어렵다. 자료를 제대로 관리하는 것이 왜 그렇게 어려운가, 그리고 자료관리체계를 제대로 구축할 수 있는 방법은 무엇인가?

두 번째 이야기

2013년도에 국내 대형 건설사 중 거의 절반이 엄청난 적자를 기록했다.

역사도 깊고 매출규모도 톱 클래스에 속하는 건설사들이 막대한 손실을 입고 경영진까지 교체되는 등 큰 변화가 있었다. 그렇다면 앞으로는 그러한 대규모 적자의 우려에서 벗어날 수 있을까?

나는 그렇지 않으리라고 본다. 오히려 적자 규모가 더 커질 가능성이 높다고 전망한다. 2013년도 건설사 대형 적자의 원인이 해외 프로젝트에서 발생한 손실에 있었는데, 2014년 이후 해외 프로젝트의 규모가 훨씬 더 커진 데 반해 업무를 수행하는 방식은 변하지 않았기 때문이다. 해외 프로젝트에서 특히 문제가 되는 것은 우리의 설계 및 설계관리 역량과 프로젝트 관리 역량이 너무 뒤떨어진다는 점인데, 이 부분에 변화가 없다는 것이 그러한 전망을 뒷받침한다. 그렇다면 해외가 아니라 국내에서는 설계나 프로젝트 관리 역량에 문제가 없다는 것인가? 그렇지 않다. 국내 프로젝트는 해외와 비교했을 때 전혀 다른 환경에서 이루어지기 때문에 적자가 발생하지 않으며, 단지 그러한 문제가 겉으로 드러나지 않았을 뿐이다.

이러한 현상이 개선될 가능성이 있는가? 나는 그렇게 될 가능성이 거의 없다고 본다. 우리의 역량이 뒤쳐지는 원인이 노력이나 투자의 부족에 기인한다기보다는 산업 생태계의 구조적 문제점과 상거래 문화의 비합리성에 있다고 보는데, 그러한 것들은 기업이 아니라 국가가 나선다 하더라도 쉽게 바뀔 수 있는 것이 아니기 때문이다.

업무 수행 방법이 크게 바뀌지 않을 것으로 전망하면서도 이 글을 쓰는 이유는 바로 해외 프로젝트, 특히 그 중에서도 클레임 제도가 적용되는 프로젝트에서 업무 수행 방식을 바꾸지 않을 경우 막대한 손실을 피할 수 없기 때문이다. 그 규모가 어쩌면 기업의 존립 자체를 위협할 수도 있다. 따라서 적어도 클레임이 적용되는 프로젝트는 국제적 거래 관행에 맞추어 업무를 이행해야 하는데, 우리는 여전히 종래의 관행에 따라 프로젝트를 수행하고 있다. 이 책에서는 이러한 문제의 근본 원인이 무엇인지, 그리고 그것을 해결할 방법은 무엇인지에 대해 이야기한다.

이 책에서는 위 두 가지 이야기에 대해 다시 두 가지 관점에서 문제점을 살펴본다. 하나는 한계를 무시하고 일을 추진하면서 실패를 반복하는 현상의 원인이 무엇인지에 관한 것이고, 다른 하나는 일을 수행하는 과정에 있어 인프라의 구성형태에 따라 그 효율에 엄청난 차이가 있다는 점에 관한 것이다.

첫째, 업무의 한계에 관한 것

GE의 전 회장 잭 웰치는 '전에도 해 봤지만, 안 됐습니다'라고 얘기하는 직원이 가장 눈에 거슬렸다고 말했다. 그것은 옳은 판단일까? 옳은 것일 수도 있고, 아닐 수도 있다. 정확한 판단을 내리려고 한다면 여기에는 한 가지 전제가 필요하다. 전에 시도해 보았을 때 실패하게 된 원인이 무엇인지에 대한 분석이 있었는가가 바로 그것이다. 그 문제가 준비나 노력의 부족에 기인한 것이라면 그 직원이 잘못 생각한 것이 맞지만, 구조적으로 혹은 본질적인 문제 때문에 해결할 수 없는 일이라면 얼른 손을 터는 게 옳은 판단이다. 이 책에서는 주어진 여건 때문에 해결할 수 없는 문제의 사례로 공정관리에 수반되는 자원소요완화(Resource Smoothing)를 설명하고, 대상 업무의 본질적 특성 때문에 최선책이 불가능하여 차선책을 선택해야 하는 문제의 사례로 자료관리 업무를 설명하며, 구조적인 문제 때문에 일부는 포기하고 나머지 부분을 살려 내야 하는 문제의 사례로 갑을문화의 영향을 설명할 것이다.

문제를 해결할 때 '하면 된다'는 자세, 즉 강한 의지는 반드시 필요하다. 그러나 중요한 업무일수록 문제에 대한 원인을 정확히 분석하여 대비책을 세우는 것이 현명하다. 의지가 확고하다고 해서 장애물이 저절로 없어지는 것은 아니기 때문이다. 세상에는 아무리 노력해도 안 되는 일이 있는 법이다.

한계를 무시하고 일을 추진하면 그 시도는 대부분 실패한다. 또한 실패 후에 정확한 분석이 없이 새로운 시도를 하는 것 역시 또 하나의 실패를 준비하는 것과 같다. 실패의 근본 원인에 대한 고찰과 수행 가능한 한계에 대한 검토가 없이 문제를 해결하려는 것은 막대한 비용과 시간의 낭비를 가져 오게 한다. 지식경영과 자료관리 업무에서 이와 같은 오류가 지속적으로 반복되고 있다. 경험과 노하우는 모두 자료에 보관되기 때문에 이를 효율적으로 생산하고 활용하기 위해 자료관리체계를 구축하게 되는데, 여기에 실패가 반복되고 있는 것이다. 이는 자료를 관리하는 데 있어 엄연한 한계와 제약이 있는데도 불구하고 마치 완벽한 자료관리가 가능할 것으로 간주하는 데에 그 근본 원인이 있다. 이 책에서는 자료가 가지고 있는 본질적인 특성과 환경적인 제약에 대해 살펴보고, 이로 인해 자료관리 업무가 갖게 되는 한계를 고려한 최적의 관리 체계를 구축하는 방법에 대해 설명한다.

둘째, 업무추진 과정과 처리방법에 관한 것

사회는 여러 기능을 가진 주체(Entity)로 구성된다. 각 주체는 자신의 이익을 위해 활동하게 되는데, 그러한 활동을 규율하는 제도가 비합리적일 경우 사회 전체 차원에서는 매우 큰 손실이 발생하게 된다. 제도가 아예 마련되어 있지 않다면 그 손실은 더욱 커질 것이다. 사안에 따라서는 천문학적인 손실이 발생하게 되는데, 이 책에서 이야기하는 설계관리와 프로젝트 관리가 이에 해당한다.

사회 활동을 규율하는 제도는 법률이나 규칙, 표준 등 명시적인 뿐만 아니라 문화, 전통, 정서 등 집단의 성향에 영향을 미치는 모든 암묵적인 것까지 포함된다. 우리나라 사람이 각 개인의 능력은 훌륭한데 집단으로 모이면 능력을 제대로 발휘하지 못한다는 말을 많이 한다. 그런 의견에 대해서 나는 일부만 동의한다. 집단활동이 제대로 제어되지 않기 때문에 집단의 효율이 떨어지는 것은 맞는다고 보지만, 효율이 낮은 집단에서도 개인의 능력이 출중하게 키워질 수 있다는 견해에 대해서는 달리 생각한다. 집단이 엉성하면 개인의 능력도 잘 키워질 수 없다. 집단이 비합리적이라면 그 안에 있는 개인의 능력도 비합리적인 방향으로 키워지게 마련이다. 물론 집단의 성향에 관계없이 특정 개인의 능력이나 역량이 훌륭하게 양성되는 경우도 있다. 그러나 그런 현상은 마치 돌연변이와 같은 것일 뿐이며, 그 집단을 구성하는 전체 개인을 놓고 보면 집단의 수준과 크게 다르지 않다고 본다. 사람은 주위 환경에서 보며 자란 것에 따라 달라지게 마련이기 때문이다. 또한 그런 이유 때문에 집단의 성향이 대체로 그 집단을 구성하는 대부분의 개인에게도 나타나게 된다. 집단의 능력이나 수준, 성향은 그 집단을 구성하는 개인에게도 많은 영향을 미친다.

우리나라 사람들이 특히 집단으로 모였을 때 제대로 능력을 발휘하지 못하는 데에는 중요한 이유가 있다. 집단은 유기체(organism)여야 하는데, 실제로는 유기적(organic)이지 못하고 파편화(fragmentized)되어 있다는 것이 주된 이유다. 공동으로 작업해야 하는 조직 내에서는 서로 협력하지 않으면 효율이 급격하게 떨어진다. 정보교환이 없이 각자의 업무에 몰두한다거나, 정보를 교환하더라도 그 뜻이 명확하지 않아 서로 해석을 달리 하는 경우, 혹은 서로 협력하려 해도 업무 프레임이 달라 손발을 맞춰 갈 수 없는 경우 등이 이에 해당하는데, 불행하게도 우리가 업무를 처리하는 행태가 이와 상당히 유사하다. 특히 생산품이 일회성으로 산출되는 프로젝트 사업에서 이러한 현상은 더욱 두드러진다. 이 책은 이와 같은 관점에서 설계/설계관리 및 프로젝트 관리 역량이 개선되지 않고 오히려 퇴보하게 된 이유, 그리고 해외 프로젝트의 규모가 대형화하고 있는 최근의 추세에 어떻게 대응해야 하는지에 대해 설명한다.

이 책의 제4부 '비즈니스 문화 개선을 위한 몇 가지의 고찰'은 실무와 직접 관련이 있는 내용은 아니지만 우리의 사고(思考)와 행동의 밑바탕에 있는 사고방식과 문화에 대해 고찰한 부분으로써 시스템을 효율적으로 변화시키기 위해서는 반드시 검토해야 할 부분이다. 여기에서는 서양과 비교했을 때 동양에서 제도화(制度化)가 부진(不振)한 현상, 그리고 우리 사회를 여러 방면에서 짓누르고 있는 갑을문화의 배경이 되는 뿌리 사상이 무엇인지에 대해 나름의 의견을 개진한다.

앞에서 설명한 바와 같이 제도(=시스템)는 사회의 각 부분이 관계를 맺고 움직이는 기본 프레임으로써 사회의 효율을 크게 좌우하는 것인데, 모두가 알다시피 동양의 중요한 제도는 스스로 만든 것이 거의 없고 대부분이 서양에서 들여왔다. 이와 같이 동양에서는 왜 제도화가 부진했는지, 그리고 제도를 만들었다 하더라도 실제 운영이 제대로 되지 않는 현상의 원인이 무엇인지에 대해 설명한다.

우리나라에 공정관리 기법이나 프로젝트 관리체계가 소개된 지 15~30년이 지났음에도 불구하고 제대로 된 활용사례가 하나도 없다는 것은 그 기법이 잘못된 것이 아니라 그 기법을 활용하는 환경에 문제가 있다는 것을 의미한다. 우리의 사고방식과 행태가 그러한 제도의 운영에 어떤 영향을 미쳤는지에 대한 내용을 제4부에서 설명한다.

관습이란 몸에 걸친 옷과 같아서 타성적(惰性的)으로 받아들이기 쉽다. 이와 마찬가지로 갑을문화도 우리 사회의 곳곳에 스며들어 있기 때문에 그것이 우리에게 얼마나 큰 피해를 주고 있는지에 대해 제대로 알기 어렵다. 제4부에서는 갑을문화가 작동하는 메커니즘과 우리에게 미치는 영향, 그리고 갑을문화에서 탈피하는 방안에 대해서도 설명한다.

이 책을 쓰는 도중 신문에 '저가(低價) 수주 덫 건설사 악몽(惡夢)된 달러박스 사우디'라는 주목할 만한 기사가 실렸다.(조선일보, 2014.11.21) 사우디에 진출한 건설업체들의 2013년~2014년 손실이 2조원이 넘는다면서 그 주요 원인이 무리한 저가 수주와 공기지연, 사우디 정부의 현지인 의무고용 비율 상향 조치로 인한 인건비 상승 등에 있다고 꼽았다. 불과 한 달 보름 전에 '건설 한류' 특집을 내면서 우리나라 건설산업이 고부가가치 사업 수주가 증가하고 사업구도도 적절한 역할 분담을 통해 저가 수주의 악몽이 전화위복(轉禍爲福)이 되어 2014년도 700억 달러 해외 수주에 청신호가 켜졌다고 보도한 뒤의 일이다.(조선일보, 2014.10.6)

여기에는 저가 수주와 외부적 요인에 의한 비용 상승도 있었겠지만 재설계, 재제작, 재시공 등의 낭비에 의한 손실도 많은 부분을 차지하고 있다고 본다. 그러나 우리는 그러한 부분에 대한 통계 자료를 만들 수가 없어 업무가 개선되지 않는다. 상거래 문화가 클레임에 의한 방식이 아니라 갑을문화에 의해 이뤄지기 때문이다. 일을 진행하면서 어떤 요인에 의해 누구의 귀책사유로 얼마만한 비용의 상승이 있었는지에 대해 알 수 있어야 그에 필요한 개선활동이 이뤄지게 될 텐데 갑을문화로 인해 우리에게는 그럴 만한 환경이 마련되어 있지 않다. 눈 앞에서 벌어지고 있는 문제를 해결할 수 없다는 현실이 안타깝다. 우리나라가 갑을문화의 질곡(桎梏)에서 헤어나지 못한다면 발전은커녕 점점 더 퇴보하게 될 것이고 삶의 질은 더 큰 폭으로 떨어지게 될 것이다.

차례

제 1 부

자료관리의 한계와 효율적인 자료관리체계 구축

진짜 천국에 가고 싶다면,
다시 말하자면 지옥에 가지 않으려면,
우선 지옥으로 가는 길을 잘 알고 있어야 한다.

__N. 마키아벨리

전통적인 기업 개념에서는 생산의 3요소를 토지, 자본, 노동으로 꼽고 있지만, 요즘의 시대는 **지식사회**라고 일컬을 만큼 현대 사회에서 지식과 경험, 노하우의 중요성은 새삼 거론할 필요가 없을 것이다. 지식과 경험, 노하우를 통칭하여 **지식자원**이라고 한다면 아래와 같은 등식이 성립할 것이다.

지식자원 = 프로세스 + 자료

일의 순서와 방법을 나타내는 프로세스, 그리고 지식과 경험이 구체화되어 존재하는 자료, 이 두 가지가 조직의 핵심역량이라고 할 수 있다.

모든 산업이 그렇지만 특히 E&C 산업은 지식과 경험을 가지고 사업을 영위하는 업종이다. 따라서 인적 자원, 그리고 업무의 노하우가 녹아들어가 있는 자료가 매우 중요하다는 데에 의견을 달리 하는 사람은 거의 없다. 그래서 극단적인 생각을 가진 사람은 자료관리를 중심으로 업무가 이뤄져야 한다고 주장하기도 한다. 과연 그럴까? 모든 업무가 자료를 산출(産出)한다고 해서 그 업무들이 자료관리를 중심으로 해서 이뤄져야 하는 걸까? 이것은 자료관리체계를 어떻게 구성하는가에 관한 중요한 개념이지만 대부분의 사람들이 크게 오해하는 것 중의 하나이다.

한 가지만 더 알아보기로 하자. 자료관리의 목적이 무엇인지부터 명확히 정의할 필요가 있다. 만약 세무조사를 위한 것이라면 자료를 있는 그대로 잘 보관하는 것이 자료관리의 목적이 될 수 있다. 콘텐츠 서비스를 하는 기업이라면 사용자 특성에 맞춰 검색이 쉽도록 하는 것이 목적이 될 수도 있다. 그러나 우리가 관심을 갖고 있는 것이 그것을 넘어 과거에 만들어진 자료를 현재의 업무에 잘 활용할 수 있도록 하는 것이라면 자료를 보다 체계적으로 생산하고, 그렇게 생산된 자료를 보다 쉽고 편리하게 찾아 볼 수 있도록 하는 것이 자료관리의 목적이 될 것이다.

그렇다면 자료를 필요할 때 쉽게 찾아 볼 수 있도록 하려면 어떻게 해야 할까? 자료관리의 핵심은 **분류체계**다. 잘 만들어진 분류체계에 의해 자료가 저장되어 있다면 자료가 잘 정리된 것이고, 그렇게 잘 정리되어 있다면 찾아보는 것도 쉬울 것이기 때문이다. 자료의 보존기간이나 권한관리, 보안관리, 저장소 등 다른 문제도 중요한 것이기는 하나 부차적인 것일 뿐이다.

누구나 만족해하는 분류체계는 있는 것일까? 모든 사람이 만족해하는 것이라면 대부분의 문제가 해소되는 것이기 때문에 이것은 대단히 중요한 질문이다. 그리고 우리가 보통 자료관리체계를 구축할 때 이것이 충분히 가능할 것이라는 전제 하에 시작한다. 대단히 큰 착각이다. 이 질문에 대한 답은 '없다'이다. 자료관리를 중심으로 하여 업무가 이뤄진다면 이 질문의 답은 '그렇다'여야 하지만, 불행하게도 업무는 그런 식으로 이뤄지지 않는다. 우리가 조금만 신경을 써서 체계를 잘 정비해 놓으면 자료관리라는 업무가 쉽게 이루어질 것이라고 생각하는 사람들이 많은데, 이는 매우 큰 착오다. 왜 그런지 알아보기 위해서는 자료에 관한 몇 가지 이상한 사실들을 먼저 살펴보는 것이 이해에 도움이 될 것이다.

참고로, 이 책은 E&C 사업을 중심으로 하여 자료관리에 대해 설명하고 있지만, 그 기본 개념은 업종에 관계없이 동일하다. 또한 여기서 설명하는 내용은 제2부와 제3부에서 설명하는 설계관리나 프로젝트 관리와도 밀접한 관계가 있다. 모든 관리업무는 자료관리가 바탕이 되어 수행하는 것이기 때문이다. 건설산업에서 해외 프로젝트가 급증하자 프로젝트 관리 방법론이 도입되어야 한다는 말이 많았으면서도 결국 그렇게 하지 못한 핵심 원인 두 가지 중의 하나가 자료관리가 뒷받침되지 않았기 때문이다. 자료관리의 문제점은 드러내기 어렵고 그 이유를 포착하는 것은 더 어렵지만, 모든 업무를 수행하는 데 있어 매우 중요한 업무이기 때문에 여기에 대한 정확한 이해가 없으면 각각의 업무가 왜 체계적으로 수행되지 않는지를 알 수가 없다는 점을 미리 강조해 둔다.

1 '자료'에 관한 몇 가지 이상한 사실

자료관리체계를 구축한다고 하면, 이 분야에 경험과 지식을 가지고 있는 전문가가 나서서 자신이 완성도 높은 관리체계를 만들어 줄 수 있다고 자신 있게 이야기한다. 자료를 처리하는 프로세스와 자료의 성격을 나타내기 위한 분류체계, 자료에 대한 접근을 통제하는 보안관리 방안, 적절한 처리 속도를 보장할 수 있는 하드웨어와 소프트웨어 등을 고객의 사업목적에 맞게 설계하면 모든 문제를 해결할 수 있다는 식으로.

과연 그런가? 몇 가지의 사례를 살펴보면 그러한 호언장담이 무언가 이상하다는 생각이 들 것이다. 자료의 특성을 설명하기 전에 사례를 통해 하나씩 그 내용을 알아보기로 하자.

모두가 만족해하는 분류체계는 없다

앞에서 설명한 바와 같이 분류체계를 잘 만들면 자료의 저장과 검색이 쉽게 이루어질 수 있다. 그런데 누구에게나 편리하도록 분류체계를 만들 수 있을까? 분류체계의 대상이 무엇인가에 따라 난이도가 달라지겠지만, 대상 자료가 조금만 복잡해져도 모든 사람이 만족할 수 있도록 분류체계를 만든다는 것은 매우 어려운 일이다. 실제로 분류체계를 만들고 나면 그에 대해 모든 사람이 만족해하는 경우는 거의 없다. 왜 그럴까?

우선, 서로 입장이 다른 개인이나 조직이 공동으로 분류체계를 사용하려 하다 보니 그러한 문제가 생기는 것은 당연하다 할 수 있다. 그러나 이와 다른 또 하나의 중요한 이유가 있는데, 그것은 특정 부서 내의 업무라 하더라도 그 업무의 내용이 지속적으로 변화한다는 데 있다. 어느 조직이든 그 구성형태나 업무내용이 변하지 않는 경우는 없다. 업무를 개선하거나, 회사의 사업구조를 조정하거나, 새로운 시장에 진출하거나, 회사의 규모가 커지거나, 조직을 개편하는 등 조직이 존속하는 동안에는 크고 작은 변화가 끊임없이 발생한다. 이러한 변화는 어떤 식으로든 각 부서의 업무처리 형태에 영향을 미친다. 그리고 그것은 자료 분류체계의 구조나 상세화 수준, 자료 공유의 범위 등에 영향을 미치기 때문에 자료관리의 형태에도 지속적으로 변화가 생기게 된다. '완벽하다는 것'이 모든 요구를 충족하고도 변화가 없는 것을 의미한다면 자료 분류체계는 완벽한 것과는 거리가 있다.

분류체계를 만드는 것은 어렵다. 무척 어렵다. 그리고 누구나 만족해 하는 분류체계는 없다(이렇게 단정적으로 이야기 하는 것은 매우 조심스럽다. 칼 포퍼가 주장하는 것처럼 이를 반박하는 증거가 하나라도 나타나는 순간 이 명제는 완벽하게 부정되기 때문이다. 여기에서는 '변화'에 대한 이야기이기 때문에 그 부담이 훨씬 적기는 하지만).

내 PC의 폴더체계도 마음에 들지 않는 때가 많다

여러 사람이 사용하는 분류체계가 만족하기가 어렵다면 나 혼자서만 사용하는 분류체계는 어떨까? PC 폴더체계는 PC에 저장되는 자료를 각자가 인식하기 쉽도록 분류해 놓은 것을 말한다. 내 뜻대로 만들어서 사용하고, 그러다가 마음에 들지 않으면 언제라도 체계를 바꿀 수 있다.

여기서 질문 하나. 자기 자신이 마음대로 만들어 쓰는 PC 폴더체계가 얼마나 만족스러웠는가를 묻고 싶다. 나 혼자서만 사용하는 PC에서 내게 필요한 자료를 찾는 것은 **언제나** 쉬웠던가? 과거에 일정 기간 동안 **항상** 만족했던 적은 있었는가?

내 마음대로 운영할 수 있는 폴더체계도 항상 마음에 드는 것은 아니었을 것이다. 필요할 때 자료를 찾으려고 보면 이상하게도 폴더체계가 마음에 들지 않는다. 불과 며칠 전에 폴더체계를 바꿨는데도 그렇다. 왜일까? 그 이유는 폴더를 뒤질 때마다 그때그때 필요에 따라 다른 관점에서 자료를 바라보기 때문이다. 계획을 수립할 때에는 폴더가 계획서 분류체계에 맞는 것을 원하고, 기술 관련 업무를 수행할 때에는 성과물 관리에 적합한 것을 원한다. 장기 계획을 수립한다면 통계 자료를 쉽게 찾을 수 있는 체계를 원할 것이다. 이와 같이 자료를 바라보는 관점이 계속 변하기 때문에 한 가지 분류체계로는 만족하지 못하는 것이다. 하나가 아니라 여러 개의 분류체계를 동시에 운영하더라도 그렇다.

이것은 자료라는 것이 우리의 모든 업무, 모든 활동과 관련이 있기 때문에 생기는 현상이다. 장인(匠人)처럼 자기만의 전문분야에서 오랜 동안 반복적으로 일을 하는 사람들의 경우에는 비교적 완벽하게 자료관리를 할 수 있겠지만, 대부분의 사람들에게 자료관리는 쉬운 일이 아니다. 이와 같은 각 개인의 경험은 뒤에서 자료의 본질을 규명하는 데 좋은 참고가 될 것이다.

자료는 당신이 보고자 하는 것만 보여 준다

당연한 말 아니냐고 생각할지도 모르겠다. 그러나 여기에는 생각하는 것 이상으로 중요한 성질이 있다. 완벽한 분류체계를 만든다는 것이 어렵다는 수준을 넘어 불가능하다고 하는 주장의 근거 중 하나가 여기에 있기 때문이다. 앞에서 개인 PC의 폴더체계가 불만스러운 이유가 그 자료를 바라보는 관점이 계속 변하기 때문이라는 설명을 했다. 이와 관련하여 더 중요한 문제는 그러한 관점이 거의 무제한에 가깝기 때문에 그것을 모두 수용할 수 있는 방법이 없다는 점이다(수학에서의 '무한'과 같은 의미가 아니라 현실적인 측면에서 그렇다는 의미이다).

무언가를 관리하려면 그 관리 대상이 유한(有限)해야 하며, 그 대상이 유한하더라도 관리능력 범위 내에 있어야 할 뿐만 아니라 비용 대비 효과도 기대할 수 있어야 한다. 그런데 자료를 바라보는 관점이 무한에 가깝기 때문에 완벽한 분류체계를 구축하는 것이 불가능하다고 주장하는 것이다.

주소록을 하나 만든다고 해 보자. 수십 명까지는 아무런 구분 없이 그저 이름과 전화번호, 근무처에 관한 데이터만 관리해도 사용하는 데 별 지장이 없을 것이다. 그러나 명단이 수백 명이나 수천 명에 이른다면 친구, 친한 사람, 그저 알고 지내는 사람, 동문, 이해관계자 등으로 친소(親疎) 관계에 따라 구분할 필요를 느끼게 된다. 그것으로도 충분하지 않다. 어느 업무와 관계가 있는 사람인지, 명절 때 선물을 보내야 할 사람인지, 혹은 사람이 아니라 다른 대상, 즉 식당, 영화관, 미술관 등이 될 수도 있다. 여기에서 그치는 것도 아니다. 식당이라면 가족과 함께 다닐 만한 곳인지, 술친구들과 가는 곳인지, 이해관계자와 갈 만한 곳인지, VIP 고객을 상대할 만한 곳인지 등으로 구분할 필요도 있을 것이다. 완벽한 분류체계를 만들고자 한다면 끝이 없다.

주소록을 그렇게 완벽하게 만들 필요가 있겠느냐는 물음이 있을 수 있다. 바로 그렇다. 완벽하게 할 수 없기 때문에 자신이 중요하다고 생각하는 몇 가지 특성을 골라 분류체계를 만들어 사용하게 된다. 그것이 바로 당신이 자료를 바라보는 관점이다. 그래서 자료는 당신이 보고자 하는 것만 보여 주는 것이다. 당신이 보고자 하는 관점이 자꾸 변한다는 것이 문제이지만.

무용지물이 된 통합자료관리 시스템, 지식경영 시스템

위 표현은 약간 과장된 말이기는 하지만 그리 틀린 말도 아니다. 통합자료관리 시스템이나 지식경영 시스템처럼 자료를 업무에 쉽게 활용하기 위해 만든 시스템들은 거창한 시작과 달리 활용도는 매우 낮다.

자료는 지식자산의 보고(寶庫)라 하여 기존 자료를 대대적으로 재분류하여 시스템에 등록하고, 편리한 자료 검색을 위해 성능 좋은 검색 엔진을 설치하고, 대량의 트래픽을 감당할 수 있도록 충분한 용량의 하드웨어를 설치하는 등의 많은 노력과 비용을 들여 통합 환경의 자료관리 시스템을 만들어 보지만, 얼마 지나지 않아 사람들의 관심에서 멀어진다.

지식경영 시스템은 또 어떤가?

지식경영 체계를 기획·설계·구축·운영하기 위한 전담조직을 만들고, 사람들의 관심을 높이기 위해 지식 등록자에 대한 보상과 포상을 실시하고, 지식의 가치를 평가하기 위한 지식 전문가를 분야별로 운영하고, 감명 깊은 오프닝 행사까지 열었지만, 이것 역시 몇 개월 지나면 쓸모없이 방치되고 만다. 전담조직은 없어지고, 다른 업무와 겸임하는 담당자가 홀로 운영하는 버려진 시스템, 그러나 용도 폐기하기에는 곤란한 자산이 되어 버리고 만다.

왜 그럴까?

업무에 활용하는 지식 자산이라면, 특히 깊이가 있는 지식 자산이라면 다른 사람이 작성한 자료를 이해하기는 쉽지 않다. 체계가 잘 잡혀 있는 학문적 자료나 일상적인 자료와는 달리 일반 기업에서 작성하는 자료는 그때그때 필요한 형태로 만들어지고, 그에 대한 설명도 충분하지 않기 때문에 다른 사람이 만든 자료를 입수하더라도 제대로 된 활용이 쉽지 않은 것이다. 더구나 자신의 업무에 어느 정도 익숙해지면 다른 사람이 만든 자료는 찾아보지도 않는다. 자료나 지식을 모아 놓으면 그것이 소중한 자산이 되기는 하지만, 이와 같은 이유 때문에 활용도가 획기적으로 높아지기를 기대하는 것은 무리다.

견적시스템의 자동처리 기능이 많을수록 활용도는 떨어진다

이상하지 않은가? 자동처리 기능이 많으면 편리해지기 때문에 활용도가 더 높아지는 것이 자연스럽지 않을까?

현실은 때로 우리가 심사숙고한 결과를 배반하기도 한다. 가장 합리적인 추론이 현실 세계에서 의도대로 실현되지 않는 사례는 많다. 이른 바 탁상공론이다. 현재 국내에 존재하는 견적 프로그램 중 가장 오랫동안, 가장 많이 사용되는 것은 단가 테이블과 내역관리 기능만으로 구성되어 있는, 가장 단순한 프로그램이다.

견적 내역을 쉽고도 합리적인 방법으로 산출하기 위해 생산성 보정, 지역 보정, 물가 보정, 증감률 조정, 용량 보정 등의 다양한 기능을 추가한 시스템을 개발한 사례가 다수 있었지만, 실제 업무 적용에는 실패했다. 자동처리 기능이 많으면 많을수록 활용률은 더 낮아진다. 왜 그럴까? 현업부서에서 적극적으로 참여하여 그들의 요구를 그대로 반영했는데도 불구하고 활용률은 극히 저조하다.

그 이유는 견적단가의 선택지가 무한하기 때문이다. 이 말이 이상하게 느껴질 것이다. 특정 사물이나 작업에 대한 단가는 하나로 정해진다는 생각이 강해서 무한한 개수의 단가가 있을 수 있다는 것에 대해 공감하기가 어려울 것이다. 그러나 견적 단계에서는 사전에 정해진 단가란 없다. 일반에게 공표된 단가정보 자료나 과거의 실적 단가, 혹은 경험치는 새로운 단가 산정의 참고자료로 활용될 뿐이고, 여기에 노동생산성, 물가상승, 작업의 특수성 등을 고려하여 추정단가를 산정하면 그것이 견적 단가가 되는 것인데, 이러한 과정에서 각 조건을 어떻게 간주하느냐에 따라 무한한 개수의 단가가 나올 수 있는 것이다.

이와 같이 견적 담당자의 판단에 따라 무한한 개수의 단가가 산출될 수 있는데, 시스템에서 특정 비율을 적용하여 단가를 산출해 버리면 그 결과는 언제나 불만족스러울 수밖에 없다. 견적 단가 데이터가 무한하게 발생할 수 있다는 것이 견적 데이터 관리를 어렵게 만들고, 이로 인해 명확하고도 단순한 관리체계를 구축하는 것이 불가능한 것이다. 일부 제조업체에서는 부품이나 자재에 대해 시장 단가를 조사하여 견적에 적용하는 사례가 있다. 이때에는 명확한 관리체계를 구축할 수 있으나, 그런 경우에도 이는 직접재료에 해당하는 부분만 그렇게 할 수 있을 뿐 나머지 원가 요소는 복잡성의 문제를 여전히 가진다.

전문검색(全文檢索)은 모든 문제를 해결할 수 있지 않을까?

전문검색은 자료의 성격을 나타내는 분류체계를 사용하지 않고 자료의 전체 내용을 검색하여 사용자가 제시하는 키워드에 해당하는 자료를 제공한다. 따라서 자료의 분류체계를 어떻게 만들어야 하느냐에 대한 고민이 필요 없다. 그러면 모든 문제가 해결되는 것이 아닌가 하고 생각할 수도 있다. 그러나 검색 전문 서비스 자체에도 일부 문제가 있지만, 일반 기업에서 전문검색 기능을 사용할 때에는 몇 가지 중요한 문제가 따른다.

우선, 검색결과에 불필요한 내용이 너무 많이 떠오른다. 몇 개의 키워드를 입력한 후 검색해 보면 수천 건 혹은 수만 건의 자료가 올라온다. 이 때 처음 몇 건 정도는 내용을 유심히 살펴볼 수 있지만, 그 내용이 원하는 것과 거리가 멀다는 것을 알게 되면 그대로 검색을 끝내고 만다. 이런 경우를 몇 번 경험하고 나면 그 다음부터는 아예 접속조차 하지 않게 된다.

그렇다면 구글이나 네이버와 같이 전 세계 사용자들이 유용하게 쓰고 있는 검색 사이트들은 어떻게 설명할 수 있을까?전문 검색 사이트에서 사람들이 주로 찾아보는 것은 뉴스나 사회 이슈에 대한 트렌드, 생활 상식, 취미 활동에 대한 정보, 혹은 학문적으로 체계가 잘 잡힌 전문지식 등과 같은 것이다. 이러한 정보는 우리에게 유용한 것이 틀림없다. 그러나 일반 기업 내에서 필요로 하는 자료는 이와 전혀 다른 유형이기 때문에 불필요한 정보가 많이 나오게 되는 것이 문제인 것이다. 이에 대해서는 <거짓말을 파는 스페셜리스트>의 내용을 참조하는 것이 좋겠다.

> 구글이 아주 중요한 정보원임에는 의문의 여지가 없지만, 흔히 간과하는 점은 구글이 종종 필요한 정보를 전달하는 역할을 잘 수행하지 못하며, 그런 실패는 우리가 복잡한 주제에 대해 신뢰할 만한 전문적인 조언을 찾을 때 더욱 심하다는 것이다. 사실 구글이 전문지식 검색에서 보여 주는 결과는 관련성이 없거나 틀린 경우가 많다. 구글의 최고경영자인 에릭 슈미트는 어떤 사람보다도 그 문제를 명확하고 간결하게 설명할 수 있을 것이다.

그는 공개적으로 이렇게 말했다. "인터넷은 거짓과 잘못된 정보의 '더러운 웅덩이'가 될 위험이 있습니다. 모든 사람이 자신이 원하는 것을 온라인상에 올릴 수 있고, 자격증을 제시할 필요도 없고, 편집자나 다른 사람의 기준을 맞출 필요도 없습니다. 구글은 <포린 폴리시>, <뉴욕 타임스>의 기사처럼 인터넷 자료를 의무적으로, 그리고 민주적으로 색인 작업을 할 것입니다."

그 결과 구글은 쓸모없고, 오류가 있고, 일반적으로 보통 수준 이하의 자료들이 좋은 자료들보다 비교할 수 없을 정도로 많다는 것을 확인했다.

_〈거짓말을 파는 스페셜리스트〉, 데이비드 프리드먼, 지식갤러리, 2011

세계적인 수학 신동이면서 구글의 창업자 중 한 명인 세르게이 미하일로비치 브린(Sergey M. Brin)은 검색 엔진을 만드는 작업을 일컬어 '웹 전체를 수백만 개의 변수가 있는 하나의 방정식으로 만드는 것'이라 했다. 일반 기업이 이와 같이 검색 사이트에서 제공하는 기능을 개발하여 활용하는 것을 생각해 볼 수도 있겠지만, 이는 실현하기도 어렵거니와 얻는 효과에 비해 대단히 많은 비용이 들어가기 때문에 지극히 비현실적이다. 이하 이 책에서는 전문검색에 대한 내용은 고려하지 않는다.

'자료에 관한 이상한 사실'이 의미하는 것

우리는 어떤 문제에 대한 해답을 고를 때 간단하고, 명쾌하고, 확신에 찬 방안을 신뢰하는 경향이 있다. 다시 말해 복잡하고, 전제조건이 많고, 상황에 따라 가변적인 내용을 주장하는 방안은 잘 수용하지 않을 뿐더러 신뢰하지도 않으려고 하는 경향이 있다.(<거짓말을 파는 스페셜리스트>)

사안에 따라서는 간단명료한 해답이 존재할 때도 있고, 그것이 유용할 수도 있다. 그러나 오랜 세월 동안 문제가 해결되지 않고 그대로 남아 있다면 그것은 간단한 방법으로 해결될 문제가 아닐 가능성이 높다고 볼 수 있다. 자료관리가 그러하다. 해결방안을 쉽게 손아귀에 쥘 수 있을 것 같아 너도 나도 실행에 옮겨 보지만 그 결과는 그리 신통하지 않았고, 앞으로도 더 개선될 것 같아 보이지는 않는다. 현상이 그러한데도 여전히 동일한 방법으로 자료관리체계를 구축하려 하는 시도가 많다. 대단히 큰 낭비가 아닐 수 없다. 관리체계를 구축하는 비용도 문제지만 사용자가 필요한 정보를 제대로 활용하지 못한다는 것이 더욱 큰 기회비용으로 나타나는 것이 아닌가 하는 생각이 든다.

그렇게 많은 비용과 노력의 투입에도 불구하고 자료관리체계가 제대로 만들어지지 않는 데에는 우리가 생각했던 것과는 아주 다른 무언가가 있다. 그것을 찾기 위해 먼저 '자료'가 가지고 있는 특성을 알아보기로 하자.

2 자료의 본질적 특성

자료는 아주 특이한 성격을 가지고 있다. 우리가 일반적으로 생각하는 상식이나 논리와는 매우 다른 모습을 보인다. 자료를 잘 관리하기 위해서는 본격적으로 시간과 노력을 투입하기 이전에 그 특성을 꿰뚫어 보는 것이 중요하다. 관리 대상에 대한 이해가 잘못된 상황에서라면 아무리 많은 노력과 시간을 퍼붓는다 해도 기대하는 효과는 얻기 어려울 것이다.

자료의 특성을 크게 두 가지로 구분해 보면 자료 자체가 가지고 있는 것과 자료가 사용되는 환경에서 나타나게 되는 것이 있다. 전자를 **자료의 본질적 특성**, 후자를 **자료의 외재적 특성**이라고 하고, 먼저 자료의 본질적 특성에 대해 살펴보기로 하자.

앞서 완벽한 자료관리는 불가능하다고 했는데, 그 이유는 자료의 속성이 매우 다양한 측면을 가지고 있고, 여기에 더해 계층적인 특성을 가지고 있기 때문이다. 이와 같은 두 가지 특성 때문에 자료의 속성을 명확하게 정의한다는 것이 무척이나 어렵다. 그런데 대부분의 사람들은 자료의 속성을 간결하고 명확하게 정의할 수 있다고 생각하고 있으며, 전문가의 의견도 이와 크게 다르지 않다. 즉, 우리의 노력이나 방법론이 미흡해서 자료관리가 잘 이루어지지 않는 것일 뿐이며, 만약 우리가 적절한 방법론과 노력을 동원한다면 훌륭한 자료관리체계를 만들어 낼 수 있다고 그들은 주장한다. 그러나 조금만 깊이 생각해 보면 그것이 큰 착각임을 알 수가 있다.

자료관리체계에 대한 개념을 정립할 때 가장 많이 저지르는 실수는 '자료의 속성을 간단하면서도 명확하게 정의할 수 있다'는 묵시적인 가정에서 출발하는 것이다. 이러한 묵시적 가정 때문에 여러 분야의 자료를 통합해서 관리할 수 있다는 판단이 이어져 터무니 없는 실패를 반복하게 되는 것이다. 이러한 구축 대상 범위의 선택에서 생기는 실수뿐만 아니라 작업을 진행하는 각 단계에서도 많은 실수가 저질러지고 있다.

자료의 속성은 간단한 것처럼 보인다. 예를 들어 '프로젝트 실행계획서'를 정의한다면 자료분류 체계 중에 '프로젝트 실행계획서'라는 항목을 만들어서 보관하면 쉽게 활용할 수 있을 것처럼 보인다. 과연 그럴까?

결론을 먼저 이야기한다면, 자료의 속성을 간단명료하게 정의한다는 것은 매우 어렵다. 그것은 두 가지 이유 때문이다. 첫째, 자료의 속성이 바라보는 관점에 따라 무한한 측면을 가지고 있다는 **다면성**(多面性)과 둘째, 하나의 자료가 더 세분화된 자료로 분할되거나 여러 개의 자료가 모여 하나의 자료로 정의될 수 있는데, 이러한 세분화 혹은 종합화 과정이 여러 단계에 걸쳐 반복될 수 있다는 **다중성**(多重性)이 바로 그것이다.

자료 속성의 다면성

모든 자료는 바라보는 관점에 따라 그 속성이 다르게 정의될 수 있다. '공정표'를 예로 들어 살펴보자. 공정표는 말 그대로 '공정표'라는 항목으로 정의될 수도 있지만, 보는 관점에 따라 다른 항목으로 정의될 수도 있다.

- 프로젝트 실적의 일부라면 '실적공정표' 나 '프로젝트 완료문서'로 분류할 수 있고,
- 표준 공정표로써 타 프로젝트에 대해 전범(典範, Prototype)이 될 수 있으면 '표준문서'로 정의될 수도 있다.

- 또한 프로젝트 실행계획서의 일부로 사용된다면 '프로젝트 실행문서'로 분류될 수도 있다.

이와 같이 '공정표'라는 자료는 동일하지만, 우리가 어떤 관점에서 분류체계를 수립하느냐에 따라 그 속성에 대한 정의가 달라지게 된다. 이러한 현상은 공정표에 국한된 것이 아니라 모든 자료에 동일하게 나타난다. 하나의 자료를 어떤 측면에서 보느냐에 따라 속성이 달라질 수 있다는 점이 자료관리를 어렵게 하는 중요한 요인이다.

우리가 대상을 바라보는 관점을 어디에 두느냐에 따라 그 대상은 다른 모습으로 보인다. 전략을 수립할 때, 마케팅 계획을 수립할 때, 일의 성과를 평가할 때, 그 외에 다양한 일을 수행할 때마다 대상을 다른 관점에서 보게 되는 것이다. 자료는 무한한 다면성을 갖는다. 따라서 특정 자료의 본질을 완벽하게 정의할 수 있다는 신념은 버려야 한다.

자료 속성의 다중성

모든 자료는 여러 단계의 계층별로 속성을 정의할 수 있다. 특정 원소 하나에 대해서만 만들어진 순수한(=계층구조가 없는) 자료를 상상해 볼 수는 있겠지만, 그것은 마치 플라톤의 이데아와 같아서 실제로 우리가 활용하는 자료에 그러한 것은 없다. 프로젝트 실행계획서를 예로 들어 살펴보자. 성과물을 기준으로 한다면 아래와 같이 분류체계를 만들면 될 것이다.

(성과물 기준의 분류체계)

착공계

견적서

프로젝트 실행계획서

콘크리트 성능검사서 등

그러나 분류체계가 업무 종류를 기준으로 만들어진다면 상황은 달라진다. 실행계획서에는 인력투입계획, 계획공정표, 주요공법, 원가절감계획 등 여러 가지 업무에 대한 계획이 들어가는데, 실행계획서는 그러한 업무 모두에 해당되어 과연 어디에 소속시켜야 할지 애매모호하게 되어 버리는 것이다. 업무 종류를 기준으로 한다면 아래와 같이 분류체계를 만들게 될 것이다.

(업무기준의 분류체계)

공정관리

공법개선

원가관리

품질관리 등

위와 같이 분류체계를 만들면 '프로젝트 실행계획'이라는 항목은 해체되어 버린다. 모든 항목에 속하면서 어디에도 소속시킬 수 없는 현상이 일어나는 것이다. 앞에서 예를 들었던 '콘크리트 성능검사서'는 계층 구조가 없는 것처럼 보이지만, 이것 역시 계층 구조를 가지고 있다. 보통강도, 고강도, 초고강도 등 콘크리트의 압축강도별로 구분한다거나 급결제, 지연제, 팽창제, 방청제, 제염제 등 콘크리트 내부에 포함된 혼화제의 종류로 구분할 수도 있고, 서중(暑中), 한중(寒中), 수중(水中) 등 콘크리트 사용 시기나 장소에 따라서 분류할 수도 있다. 이와 같이 다면성이라는 개념과 함께 다중성이라는 개념도 모든 자료가 공통적으로 가지고 있는 특성이다.

한 건의 자료라 하더라도 상세화 수준을 어느 정도로 하느냐에 따라 자료의 속성이 달라지는 것이다. 이러한 자료 속성의 다중성 개념도 자료관리를 어렵게 하는 또 하나의 중요한 요인이다.

자료의 다면성과 다중성

자료가 갖는 본질적 특성을 다면성(多面性)과 다중성(多重性)이라는 개념으로 설명했다. 언뜻 생각하기에는 너무도 쉬울 것 같은 자료의 속성 정의가 어려운 이유는 바로 이 다면성과 다중성 때문이다.

특정한 기준을 정해서 자료에 속성을 부여하고 나면 또 다른 관점에서 바라보아야 할 필요가 생긴다. 그래서 속성 항목을 하나 추가하여 그러한 기준을 반영하고 나면 또 다른 관점이 생기며, 이러한 현상은 무한히 반복된다. 물론 실제로 무한(無限)하지는 않겠지만, 현실에 적용하려 한다면 그러한 정도의 제약이 따른다는 의미이다.

또한 하나의 자료는 여러 개의 다른 특성을 갖는 하위 자료로 분할될 수 있으며, 이는 한 번이 아니라 여러 번에 걸쳐서 반복되는 계층성을 갖고 있다. 이와는 반대로 몇 개의 자료가 모여서 다른 특성을 갖는 상위의 자료로 모일 수 있고, 이 역시 여러 번에 걸쳐서 반복될 수 있다. 이와 같은 자료의 다중성 역시 자료의 속성을 명확하게 정의하는 것을 어렵게 하는 또 하나의 요인이다.

다면성과 다중성, 이것은 모든 자료가 가지고 있는 본질적(=내재적) 특성이다. 여기서 이야기하는 자료의 본질적 특성은 자료관리뿐만 아니라 공정관리, 코스트관리, 물품관리, 원가계산 등 모든 업무에도 동일하게 적용된다. 관리 대상 업무를 특정한 목적에 따라 분류한 데이터를 Master Data라고 하는데, 여기에는 자료의 본질적 특성이 그대로 영향을 미치기 때문이다. 따라서 자료의 본질적 특성에 대한 개념을 잘 이해하지 못하면 각각의 업무도 제대로 수행할 수 없다.

제3부에서는 우리가 체계적 관리 방법론을 프로젝트에 적용하지 못하는 이유 중 하나로 '콘텐츠 생산능력의 부족'을 설명하고 있는데, 이것은 바로 Master Data 작성능력의 부족을 뜻하는 것이다. Master Data의 개념과 이것이 각 업무에 미치는 영향에 대해서는 제3부의 '4. 프로젝트 관리 방법론이 활용되지 않는 이유'를 참조하기 바란다.

3 자료의 외재적 특성

자료의 외재적 특성이란 자료 자체에 존재하는 특성이 아니라 자료가 활용되는 환경적 요인, 즉 외부적 요인에 의해 생기는 특성을 말한다.

자료의 외재적 특성이라는 것이 무척 기묘하다. 외부 요인에 의해 발생하는 것인데도 본질적 특성보다 자료관리를 더욱 어렵게 하는 요인인 것이다. 자료의 다면성과 다중성 개념은 우리의 필요에 맞는 방향으로 기준을 세운다면 충분히 만족하지는 않아도 업무에 지장이 없을 정도로 극복해 낼 수 있다. 그런데 이 외재적 특성 때문에 '완벽에 가까운' 자료관리체계를 만들기가 그토록 어려운 것이다.

자료의 외재적 특성은 자료가 활용되는 외부적 요인에 의해 부여되는 것이기 때문에 영향을 미치는 범위가 넓고, 상황에 따라 이해조정(Trade-off)이 필요한 것이어서 다루기가 어렵다. 자료의 외재적 특성에는 타업무 종속성과 자료의 보안성이 있다.

타업무 종속성

자료는 모든 업무, 모든 활동에서 발생한다. 어떤 업무든 그 결과로 자료를 생산하게 되어 있고, E&C 기업과 같이 일회성 프로젝트를 수행하는 기업에게는 자료의 중요성이 더욱 높다. 그렇다면 관리의 중점을 어디에 두는 것이 옳을까? 즉, 자료관리를 중심으로 해서 업무수행 과정을 설계하는 것이 옳은가, 아니면 각각의 업무를 중심으로 해서 자료를 관리하는 것이 옳은가?

위와 같이 물으면 이해하기가 좀 힘들 것 같다. 이것을 다음과 같이 이야기하면 판단하기가 보다 쉬울 것으로 생각된다.

- **자료관리 중심의 업무설계**
  모든 업무를 동일한 자료분류 체계와 동일한 속성 기준을 갖도록 설계한다. 예를 들면 엔지니어링 업무와 지식경영 업무에서 자료가 발생하는데, 이를 동일한 분류체계, 동일한 속성을 기준으로 관리한다.
- **업무 수행 중심의 자료**
  관리업무별로 그 목적과 내용이 다르므로 각각의 업무에 맞도록 자료의 분류체계와 속성을 정의하여 관리한다.

위와 같이 물으면 아마 대부분이 후자가 옳다고 대답할 것이다. 그러나 그런 사람들도 막상 자료관리 시스템을 구축하는 작업에 참여하게 되면 이상하게도 자료관리 중심의 사고를 가지고 추진하는 잘못을 범한다. 자신에게 주어진 임무를 충실히 수행해야 한다는 책임감 때문인지도 모른다.

위 물음의 정답은 후자여야 하는데, 그 이유는 '**업무 수행을 위해 자료가 발생하는 것이지, 자료를 위해 업무를 수행하는 것이 아니기 때문**'이다. 업무 중심이 아니라 자료 중심의 관리체계를 구축하게 되면 비효율을 초래하게 되는데, 대부분의 사례가 이와 같은 사고방식에 의해 구축되어 있다.

이와 관련하여 앞에서 예를 들었던 엔지니어링 업무와 지식경영 업무에 대해 좀 더 살펴보기로 하자. 엔지니어링 업무는 자료의 접수 → 배포 → 검토 → 종합 → 보완 → 납품이라는 사이클을 통해 프로젝트를 완성해 나가는 것이 목적이고, 지식경영은 지식의 등록 → 평가 → 보상 →

활용이라는 사이클을 통해 지식의 발굴을 촉진하고 이를 널리 활용하도록 하는 것이 목적이다.

이 두 가지 업무는 그 목적과 내용이 서로 다르다. 따라서 자료를 관리하는 체계도 달라야 한다. 이와 같이 자료가 각각의 업무에 종속되어 운영되기 때문에 자료관리만의 관점에서 효율화하기가 어려운 것이다.

순수한 자료관리만을 위한 업무도 있다. 예를 들어 회사에서 보유하고 있는 기술의 현황을 관리하는 시스템은 자료의 등록 → 검색 → 활용이라는 사이클을 가지고 있는데, 이는 순수한 자료관리 업무여서 자료관리 측면에서 보았을 때 업무 체계를 쉽게 정의할 수 있다. 그러나 이것 역시 자료관리라는 '업무'를 위해 자료가 발생하는 것이라고 보아야 한다.

타업무에 대한 종속성이라는 것이 왜 그렇게 중요한 것일까?

만약 자료관리가 중심이 되어야 한다는 생각을 가지고 있다면, 그 사람은 각 업무의 차이를 가볍게 여기고 자료관리만을 효율화하려 할텐데, 바로 이것이 자료관리체계 구축시 가장 큰 실패 요인이기 때문이다. 앞에서 '자료의 다면성' 때문에 통합 환경의 자료관리체계 구축이 불가능한 것이라고 설명했는데, 여기서 설명하는 '타업무 종속성' 역시 통합관리 체계 구축이 불가능한 이유 중 하나다.

자료의 '다면성'과 '다중성'은 자료분류 체계에만 영향을 미치지만, '타업무 종속성'은 자료분류 체계와 업무 프로세스에도 영향을 미친다. 이에 대해서는 '4. 자료분류체계 어떻게 만들어야 하나?'와 '5. 자료관리 구조–무엇이 次善인가?'를 참조하기 바란다.

정보 보안

자료를 편리하고 유용하게 사용할 수 있도록 관리체계를 구축했다면,

공개범위의 지정과 자료의 유출을 방지하기 위한 보안 수단을 강구해야 한다. 자료가 체계적으로 잘 정리되어 있다면 그것을 외부로 유출하는 것도 그만큼 쉬워지기 때문이다. 자료관리체계의 구축 목적이 정보 공유에 있는데, 정보 공유자의 범위를 넓히면 보안이 허술해지는 역효과도 발생하는 것이다.

우리는 보통 이성적으로는 '안전'이 가장 중요하다고 말하지만, 실제 현실에 부딪치면 안전보다 '편리'를 선택하는 경우가 압도적으로 많다. 이와 같이 편리함을 선택한 결과 안전사고가 발생하면 한 순간 이슈로 떠오르기도 하지만, 조금만 시간이 지나면 편리성을 위주로 한 생활 패턴으로 되돌아가는 경우를 많이 경험한 바 있다. 정보 보안 역시 안전을 밑바탕에 깔고 있는 것이어서 특별히 강조하는 경우가 아니면 평소의 생활대로 되돌아가기 쉽다. 따라서 꼭 필요한 부분에 대해서는 정보 보안이 충분히 유지될 수 있도록 조치를 취할 필요가 있다. 다만, 보안을 강조하다 보면 모든 것을 보안의 관점에서만 바라보기 쉬워서 꼭 필요하지 않은 부분까지 보안 수준을 높이려는 경향이 있기 때문에 이런 현상에 대해서는 유의할 필요가 있다.

정보 보안과 관련해서 사회적으로 큰 이슈가 터지면 보안 전담부서를 설치해서 강력한 활동을 펼치다가 관심이 수그러지면 전담부서가 폐지되고 몇 명의 전담 인력으로 운영하고, 그러다가 또 시간이 흐르면 이제는 전담 인력도 폐지하고 타 업무와 겸임하는 담당자로 운영하는 등 점차 격하시키는 사례가 많다. 임기응변식으로 운영하는 셈이다. 이는 보안을 추가적인 비용이 들어가는 업무로 인식하는 경향 때문인데, 결국 형식적인 관리를 하다가 보안 사고가 터지면 그 때만 수선을 피우는 사례가 반복된다. 이와 같이 임기응변식으로 운영하는 것보다는 소수의 인원이라 하더라도 인력을 고정 배치하여 전문적인 수준을 높여 나가는 것이 더 효율적이라는 점을 참고할 필요가 있다.

정보 유출 문제를 최소화하기 위해 자료가 유출되었을 때 허가되지 않은 사람은 파일을 열 수 없도록 통제하거나 열람횟수, 편집범위 등을 제한할 수 있는 DRM(Digital Right Management)을 적용하여 보안 수준을 높일 수도 있다. 그러나 이런 방법은 협력업체와 파일을 주고받으면서 업무를 수행하는 E&C 기업에서는 번거로움이 커서 다소 맞지 않는 정책일 수도 있다. 이 외에도 화면 캡처 기능을 제한한다든가, 이동형 저장장치에 대한 다운로드를 통제하는 방법, PC와 서버의 중요 자료를 암호화하는 방법, 혹은 외부에서 인트라넷에 대한 접근을 통제하는 방법 등 여러 가지 보완적인 수단을 사용하기도 한다. 보안 목적별로 구분해 보면 외부의 해킹 위협에 대해서는 자료 암호화나 인트라넷 접근 통제 기술을 사용하고, 배포 자료에 대한 오남용 방지를 위해서는 DRM 기술을 사용하며, 의도적인 자료 유출을 예방하기 위해서는 다운로드 기능을 제한하거나 조직 구성원의 보안의식 강화를 위한 활동을 전개하는 방법이 주로 적용된다.

정보 보안을 강화하면 업무 효율이 일부 저하되지만 금융기관 같은 경우에는 고객에 대한 신뢰도를 높이고 금융사고 발생에 따른 손실을 최소화하는 등의 효과도 있다. 비즈니스가 있어야 보안도 필요한 것이기 때문에 정보 보안은 완벽한 해결보다는 이해조정(Trade-off)이 필요한 사항이다. 물론 회사의 중요한 정보 자산이거나 법률에 정한 사항이라면 철저한 보안 수단을 강구해야 할 것이다.

타업무 종속성과 정보 보안

자료관리는 조직 내 다른 업무의 효율이나 성과를 높이기 위해 존재하는 것으로써 해당 업무의 요건을 충족시켜 주어야 한다는 측면에서 타업무 종속성이 강하다. 앞에서도 설명한 바 있지만, 업무를 위해 자료관리를 하는 것이지 자료관리를 위해 업무를 수행하는 것이 아니기 때문이다. 자료관리를 잘하기 위해 구매경쟁력이 떨어져도 된다거나 수주를 포기해도 되는 것은 아니지 않은가.

이런 주장을 상식적인 것이라고 치부할지도 모르겠다. 그러나 '자료에 관한 이상한 사실들'에서 이야기한 바와 같이 상식과 동떨어진 행위가 끊임없이 일어나고 있다는 사실을 돌이켜 보면 여기에 대해 보다 주의가 필요하다는 것을 알 수 있을 것이다. 물론 자료관리뿐만 아니라 모든 업무가 다른 업무와 조화를 이루어야 한다는 면에서는 어느 정도 타업무 종속성을 가지고 있다. 다만 그 요구되는 정도가 자료관리의 경우 훨씬 더 높다는 특성을 가지고 있기 때문에 타업무 종속성에 대해 특별히 관심을 가져야 한다는 점을 강조하고 싶다.

타업무 종속성이라는 관점에서 보면 정보 보안 업무도 자료관리 업무와 유사성을 가지고 있다. 정보 보안을 위해 다른 업무를 수행하는 것이 아니기 때문이다. 다만 다른 업무를 위해서만 정보 보안이 필요한 것이 아니라 조직의 보존과 유지를 위해 필요한 업무라는 점에서 타업무 종속성이 자료관리보다는 다소 낮다는 점이 다를 뿐이다. 그렇지만 어쨌든 정보 보안의 대상이 다른 업무라는 점에서 타업무 종속성이 높은 편에 속한다.

정보 보안 업무의 중요한 특징 한 가지가 더 있다. 완벽한 정보 보안이 목적이 되어서는 안 되고 다른 업무와의 이해조정을 통해 적정한 보안 수준을 결정해야 한다는 점이다. 현대 기업의 특성은 기업활동에 필요한 모든 요소를 내부에 보유하는 것이 아니라 핵심 경쟁우위 요소만 내부에 보유하고 기타 필요 요소는 아웃소싱에 의존한다는 것인데, 아웃소싱 과정에서 때로는 많은 양의 자료를 외부와 공유하며 기업활동을 수행하기 때문에 정보 보안을 극단적으로 강조하면 업무 효율이 떨어질 뿐만 아니라 경쟁력 향상에도 좋지 않은 영향을 미친다. 따라서 아주 세밀한 정도까지는 아니더라도 자료 유형별로 정보보안의 필요 정도를 판단하여 보안 유지 방법을 결정할 필요가 있다.

타업무 종속성과 정보 보안이라는 '자료의 외재적 특성'은 자료 자체의 특성은 아니지만 자료의 활용성이나 업무의 효율에 큰 영향을 미친다. 이와 동시에 자료 자체의 관리보다는 관련 업무의 요구를 충족시켜야 한다는 제약 때문에 자료관리체계의 통합이라는 측면에서는 큰 장애 요인이기도 하다(그렇지만 통합 자료관리체계가 그리 큰 도움이 되지 않는다는 점에서는 다행스럽기도 하다). 이러한 제약사항을 제대로 고려하지 않고 자료관리체계를 만들면 '자료에 관한 이상한 사실들'에서 이야기한 바와 같은 현상이 나타나게 된다.

4 자료분류체계 – 어떻게 만들어야 하나?

지금까지 자료관리에 관한 현상과 자료가 가지고 있는 특성에 대해 알아보았다. 자료를 우리의 사용 목적에 따라 정의하여 관리체계를 구축하면 쉽게 활용할 수 있을 것 같은데 실제로는 의도대로 활용되는 사례가 극히 적다는 점, 그리고 그러한 현상이 나타나는 이유가 자료 자체가 갖는 특성(다면성, 다중성)과 자료가 활용되는 환경에 따른 특성(타업무 종속성, 정보 보안)에 근본 원인이 있다는 점에 대해 살펴보았다. 이번에는 앞에서 설명한 내용을 고려하여 자료관리체계를 구축하는 방법에 대해 살펴보기로 한다.

자료관리체계를 구축하려면 두 가지 부분을 생각해야 한다. 하나는 각각의 자료에 고유성(Identity)을 부여하기 위한 **자료분류체계**를 어떻게 만드는 것이 가장 좋은가 하는 데 대한 것이고, 다른 하나는 그 자료를 처리하는 업무의 흐름을 정의하는 **자료관리구조**이다.

이 두 가지는 완전히 독립적인 것처럼 보이지만 실제로는 긴밀한 관계를 가지고 있다. 자료분류 체계를 완벽하게 하려 하면 자료관리 구조가 불완전해지고, 반대로 자료관리 구조를 완벽하게 하려 하면 자료분류 체계가 불완전해지는 묘한 관계가 있다. 이와 같이 두 가지 요소가 서로 모순되는 관계에 있는데, 이 중에 항상 우선시해야 하는 것은 자료분류 체계가 아니라 자료관리 구조이다. 앞에서 말한 것처럼 일을 잘하기 위해서 자료를 관리하는 것이지, 자료를 잘 관리하기 위해서 일을 하는 것이 아니기 때문이다.

자료분류 체계는 자료를 쉽고 편리하게 등록하거나 검색할 수 있도록 설계해야 한다고 얘기하는데, 사실상 '쉽다'는 것과 '편리하다'는 것은 서로 이율배반적인 관계에 있다. 쉽게 등록할 수 있도록 설계하면 검색이 불편하고, 검색이 편리하도록 하려면 등록이 불편해지는 것이다. 여기에는 적절한 이해조정이 필요한데, 어느 선에서 절충하느냐 하는 것은 전적으로 업무를 어떤 식으로 수행하느냐에 달려 있다(업무를 잘 수행하기 위해 분류체계를 만들어야 하는 것이지, 분류체계를 잘 만들려고 하는 관점에서 판단하면 안 된다는 뜻이다).

또 하나 생각해야 할 점은 자료관리 구조는 자료관리 자체의 업무 흐름, 그리고 그 자료관리 업무와 관련이 있는 타 업무와의 관계를 어떻게 설정할 것이냐에 관한 것이다. 대부분은 자료관리와 타 업무를 구별하지 않은 형태로 시스템을 구축해 왔는데, 여기에는 문제가 있다. 예를 들어 설명하면, 엔지니어링 관련 자료의 업무 흐름은 엔지니어링 부서에서 정의하고 지식경영 자료의 업무 흐름은 지식경영 부서에서 개념을 정립했는데, 그러다 보니 자료관리 업무의 독립성이 결여되는 문제가 발생한 것이다.

각 업무를 담당하는 부서에서 업무 기준이나 흐름을 정의하는 것이 잘못은 아니지만, 그 과정에서 전체 조직 차원의 자료관리체계를 검토해서 최대한 자료관리의 일관성을 확보해야 한다는 점을 강조하고 싶다. 이에 대해서는 '5. 자료관리체계 구축 – 무엇이 次善인가?'를 참조하기 바란다.

먼저 자료분류 체계를 작성하는 과정과 참고해야 할 사항에 대해 살펴보기로 하자.

자료분류 체계 작성 과정

먼저 자료분류 체계를 잘 만든다는 것은 **최고**의(=완벽한) 것을 의미하는 것이 아니라 **최적의**(=업무 목적에 맞는) 것을 의미한다는 점을 다시 한 번 명확하게 인식하기 바란다. 예를 들면 완벽한 자재 분류체계는 모든 자재를 구조적으로 완벽하게 분류한 것을 의미할 것이다. 그러한 분류체계는 존재하지 않지만, 설사 대강 만든다고 하더라도 완벽한 것을 생각한다면 자릿수가 1,000은 거뜬히 넘어 갈 것이다(그렇게 하더라도 '완벽한' 것과는 아주 까마득한 거리가 있다). 그런 코드는 우리가 일상적으로 수행하는 업무에 사용할 수가 없다. 이와 같은 이유 때문에 완벽한 분류체계가 아니라 최적의 분류체계를 만들어야 하는 것이다. 세상에 존재하는 모든 자재에 대한 분류체계를 만든다는 것도 불가능하지만, 설사 그런 분류체계를 만들었다 해도 쓸모가 없다는 점을 이해하는 것이 더욱 중요하다.

자료분류 체계는 다음의 순서에 의해 만들어진다.

① **자료분류 체계 대상 업무 분석**: 예를 들어 자재분류 체계를 만든다면 구매/조달 업무에서 주로 사용하게 될 텐데, 이 경우 구매/조달 업무를 분석하는 것을 말한다.

② **타 업무와의 관계 분석**: 위와 같은 경우 구매/조달과 관계가 있는 업무에 대해 분석하는 것을 말한다. 예를 들어 프로젝트 수행과 관련이 있다면, 프로젝트 관리 업무와 구매/조달 업무와의 관계를 분석한다.

③ **자료분류 체계 작성**: 해당 자료분류 체계를 사용하는 업무에 대한 분석 결과를 토대로 하여 분류체계를 작성한다. 이 책에서는 분류체계 작성에 대한 원칙을 살펴본다.

④ (분류체계에 대한 구체적 설명이 필요한 경우) **분류체계 관련 Dictionary 작성**: 분류체계 내의 각 항목에 대한 구체적인 정의, 적용방법, 적용한계 등에 대해 필요한 내용을 정리한다.

위에서 ①, ② 단계는 자료분류 체계가 사용되는 환경을 파악하여 업무 목적에 맞도록 분류체계를 작성하기 위한 사전 작업이며, ③ 단계는 분류체계를 작성할 때 적용하는 일반 원칙이다. ④ 단계는 분류체계의 데이터 항목 간 경계가 불확실하거나 혼동할 우려가 있을 때 적용상의 혼선을 방지하기 위한 설명서를 작성하는 것이다.

① 자료분류 체계 대상 업무 분석

자료관리는 항상 무언가 다른 업무를 위한 것이어서 최적의 분류체계란 업무의 목적에 맞춘 것을 의미하는데, 이를 위해서는 해당 업무에 대한 분석이 선행되어야 한다.

앞에서 설명한 바와 같이 자료는 다면성과 다중성이라는 특성 때문에 완벽한 분류체계는 존재할 수 없으므로 이러한 제약을 극복하기 위해서는 우리가 자료를 사용하려는 의도에 맞추어 분류체계를 만들어야 한다.

자료분류 체계를 작성하는 이유가 대부분 정보처리 시스템을 구축하기 위한 것인데, 자료분류 체계가 업무 목적이나 수행방법과 일치하지 않을 경우 큰 문제를 야기하게 된다. 보통은 업무 목적 자체를 변경하는 것이 시스템 변경에 가장 큰 영향을 미치며, 자료분류 체계가 부적절한 경우에는 이에 버금가는 영향을 미칠 정도로 중요한 것이므로 특별히 유의해야 하지만, 실상을 살펴보면 업무처리 설계와 자료분류 체계 설계가 별도로 진행되다가 나중에 가서야 잘못을 발견하는 경우가 종종 있다. 기업마다 시스템을 개발해 놓고도 사용하지 못하는 분류체계가 몇 개씩은 가지고 있을 정도로 실수가 발생하기 쉬운데, 자료분류 체계 작성에 앞서 관련 업무 분석을 해야 하는 이유가 여기에 있다.

자료분류 체계 대상 업무 분석을 위해서는 해당 업무의 수행 목적과 방법을 파악하면 된다. 구매 업무를 예로 든다면 단지 구매행위 실행을 위한 단순한 형태부터 예실분석이나 구매유형별 실적분석, 유사 실적 활용 등 어떤 목적으로 분류체계를 사용할 것인지를 파악한다.

업무 수행 방법은 해당 업무의 흐름도(Flow Chart)를 활용하면 가장 쉽고도 정확하게 파악할 수 있다. 상세한 흐름도까지는 필요 없고 해당 업무 내 각 단위 업무의 흐름을 정의한 다이어그램 정도면 충분하다.

② 타 업무와의 관계 분석

조직 내의 각 업무가 다른 업무와 관계없이 독립적으로 처리되는 경우는 거의 없으며, 단지 서로 얼마나 강한 연계 관계를 갖고 있느냐에 차이가 있을 뿐이다.

업무 간 연관관계를 분석할 때에는 상호간의 인터페이스만 파악하면 된다. 즉, 타 업무에 주어야 하는 데이터와 타 업무로부터 받아야 하는 데이터가 무엇인지, 그리고 주고받는 데이터의 형식은 어떤지에 대해서만 파악하면 된다(이와 유사한 것이 전체 시스템 간 데이터 송수신 처리를 위해 사용하는 EAI(Enterprise Application Integration)라는 도구로써, 이를 설계하기 위해서는 인터페이스 내용뿐만 아니라 처리 흐름, 처리 기준, 에러 발생시 처리 방법 및 Rollback 수행, 데이터 정합성 판단 기준 등의 상세한 내용까지 정의해야 한다).

전체 업무 간 연관관계를 결정하기 위해서는 조직 내 업무 전반을 이해하고 있는 사람이 필요하다. 각 업무를 담당하는 부서 간의 협의를 통해 결정하는 경우도 적지 않지만, 이는 수동적인 방법으로써 의사결정 내용이 자주 번복되어 많은 혼란과 손해를 초래하게 되므로 피하는 것이 좋다.

타 업무와의 관계 분석을 위해서는 인터페이스 다이어그램(IFD, Interface Flow Diagram)을 활용하는 것이 손쉽고 편리하다. 여기에는 다른 업무와의 인터페이스 사항만 정의되어 있어 업무 간 연관관계를 파악하기에는 가장 좋은 자료이다.

③ 자료분류체계 작성

자료분류 체계 관련 업무의 분석이 끝나면 이제 실제로 자료분류 체계의 구조를 결정하고 내용을 작성하면 되는데, Master Data는 자료분류 체계의 구조와 내용을 모두 작성하고, Transaction Data는 자료분류 체계의 구조만 결정하면 된다(Master Data와 Transaction Data의 차이점은 제3부의 '4. 프로젝트 관리 방법론이 활용되지 않는 이유' 중 '콘텐츠 생산능력의 부족'을 참조하기 바란다).

자료분류 체계를 작성하는 일반 원칙은 다음과 같다.

첫째, 유의미코드/무의미코드 선택의 기준

특정 데이터를 다른 데이터와 구별할 필요가 있을 때 각각의 데이터에 대해 코드를 부여한다. 이 때 코드가 중복되지 않도록 하고, 코드 값을 부여할 때 혼선이 생기지 않도록 코드 구조를 설계해야 한다. 코드 구조를 설계하는 방법에는 크게 두 가지가 있다. 코드 구조에 일정한 의미를 부여하는 '유의미코드', 그리고 코드 구조 내에 특별한 의미를 부여하지 않고 단지 다른 데이터와 구별하기 위한 목적으로 코드를 부여하는 '무의미코드'가 그것이다.

어떤 대상에 대해 코드를 부여할 때에는 그 대상의 특성에 따라 유의미/무의미 코드 중 올바른 것을 선택해야 하는데, 사람의 두뇌는 대상이 일정한 기준에 의해 분류되어 있을 때 더 잘 기억할 수 있기 때문에 유의미한 코드 구조를 선호하는 경향이 있으며, 실제로도 그러한 경향으로 인해 잘못된 선택을 하는 경우가 많다.

(유의미 코드 사례 – 자산분류코드)

대분류	중분류	소분류
01 : 토지	01 : 계측기	01 : 데이터로거
02 : 건물	02 : 시험기	02 : 록볼트측정기
03 : 기계장치	03 : 측량기	03 : 수질측정기

(무의미 코드 사례–자산번호코드)

일련번호	자산 명칭
1036980	현지 직원용 노트북(Dell 1545-810)
1037127	현지 직원용 노트북(Dell 1440)
1039875	Local 직원 지급용 노트북

위의 사례에서 보듯이 유의미 코드가 분류 대상의 전체적인 모습을 그려 보는 데에는 더 용이하다. 이에 비해 무의미 코드는 말 그대로 그 내부에 어떤 의미도 갖지 않기 때문에 분류 대상의 전체적인 모습이 잘 떠오르지 않는다. 그러나 이런 차이가 있다고 해서 유의미 코드가 언제나 좋은 것은 아니다. 코드 자체로만 보면 어떤 형태를 취하든 관계가 없다. 어쨌든 자료가 중복되거나 애매모호하지 않게 활용될 수 있도록 해 주기만 하면 되기 때문이다. 그러나 데이터의 처리와 유지보수 측면에서 보면 잘못된 선택이 엄청난 결과를 가져 올 수도 있다. 유의미/무의미 코드를 잘못 선택하면 큰 낭비가 초래될 수 있는데, 프로젝트 코드의 사례를 통해 그 내용을 알아보기로 하자.

다음과 같은 두 가지 형태의 프로젝트 코드를 비교해 보자. '프로젝트 코드1'은 그 내부에 조직, 즉 Profit Center(이익중심점)와 Cost Center(원가중심점) 개념이 들어가 있는 유의미 코드 체계이고, '프로젝트코드2'는 아무런 의미가 들어가 있지 않은 무의미 코드 체계이다('년도'가 들어가 있지만, 이것은 특정한 의미를 갖는 것이 아니라 단지 인식하기 쉽도록 하기 위한 것으로써 생략해도 아무런 영향이 없다).

(프로젝트코드1) 본부 – 팀 – 년도 – 일련번호
(프로젝트코드2) 년도 – 일련번호

'프로젝트코드1'의 체계는 하위 코드를 상위 코드로 집계하는 작업이 쉽도록 구성되어 있다. 즉, '년도+일련번호'에 해당하는 프로젝트를 '팀' 단위로 집계하고, '팀+년도+일련번호'에 해당하는 프로젝트를 '본부' 단위로 집계하기가 용이하다. 그냥 눈으로만 보아도 어떤 형태로 집계될지를 예상할 수 있다. 그럼에도 불구하고 '프로젝트코드1'은 대단히 큰 문제점을 가지고 있다. 그 이유를 살펴보자.

수주 산업 분야에서는 프로젝트 코드가 거의 모든 업무에 사용되고 있다. 영업/구매/회계/자산/실행예산/품질관리/공정관리/노무관리/자금 등 관계되지 않는 업무가 없을 정도이며, 여기에서 발생하는 데이터가 년간 수천만 건 내지 수억 건에 달한다. 이보다 더 큰 규모일 가능성도 높다.

그런데 기업에서는 일 년에 한 번쯤은 조직개편이 이뤄진다. 전략에 의한 것이든, 진출시장의 변동에 따른 것이든, 상품 구조의 변경에 의한 것이든 사업을 효율적으로 추진하기 위해 조직이 변경된다. 이 경우 '프로젝트코드1'에서는 프로젝트 코드가 바뀌기 때문에 기존에 발생한 데이터의 코드를 모두 새로운 조직 체계에 맞도록 바꿔 주어야 한다. 이때 자동 처리가 가능하다면 문제가 없겠지만, 불행하게도 수작업이 필요한 부분이 반드시 발생한다. 이러한 변환작업에 소요되는 기간이 1~2개월 정도이며, 회사 규모가 커지면 거래 건수도 늘어나기 때문에 처리기간은 더 소요되기 마련이다.

'프로젝트코드2' 체계에서는 이러한 문제가 전혀 발생하지 않는데, 여기에서는 어떻게 처리되는지 살펴보자. '프로젝트코드2' 체계에서는 조직 코드 뿐만 아니라 원가대체 여부, 주관 프로젝트 여부, 국내/해외 구분, 공공/민간 구분, 상품 종류 구분 등 업무 목적별 집계에 필요한 데이터가 프로젝트 코드를 관리하는 별도의 데이터베이스에 속성(Attributes)으로 관리된다. 따라서 조직이 개편되더라도 속성 데이터가 바뀌는 것이지 프로젝트 코드 자체는 아무런 영향이 없기 때문에 영업/구매/실행 등의 업무에서 발생한 데이터를 바꿔 줄 필요가 없으며, 프로젝트 단위로 집계된 데이터도 바꿀 필요가 없다. 프로젝트 코드는 속성 데이터와 무관하기 때문이다.

그렇다면 조직 단위 집계는 어떻게 해결할까? 프로젝트 코드가 무의미 코드이기 때문에 원가/구매/기성 등 원천 데이터에는 조직 코드가 없다. 이 상태에서 먼저 프로젝트 단위로 집계 처리를 한다(이 단계에서 시간이 많이 걸린다. 원천 데이터의 분량이 엄청나게 많기 때문이다).

그 다음 이를 조직별로 집계할 때에는 프로젝트 속성을 관리하는 데이터베이스에서 해당 조직 코드를 가져와서 프로젝트별로 집계가 완료된 데이터의 Key에 조직 코드를 붙여 새로운 데이터베이스를 만든 다음 조직 단위별 집계 처리를 실시한다. 프로젝트 단위로 집계가 완료된 데이터를 처리하기 때문에 데이터 량이 적어서 처리 시간은 극히 짧다.

공공/민간별 집계를 한다면 공공/민간 구분 코드를 가져와서 프로젝트별 집계 데이터의 Key에 공공/민간 구분 코드를 붙여서 동일한 방법으로 처리한다. 이와 같이 목적별 집계 처리와 원천 데이터는 아무런 관련이 없기 때문에 조직별 집계뿐만 아니라 원하는 모든 작업을 수월하게 처리할 수 있는 것이다.

이 방법은 몇 개의 데이터베이스를 조합하여 새로운 데이터베이스를 만드는 과정이 추가되는 것이기 때문에 집계 처리만 생각한다면 '프로젝트 코드1' 체계에서 처리하는 것보다 약간 비효율적이다. 그러나 앞에서 설명한 바와 같이 상황의 변화에 유연하게 대응할 수 있고, 이 때 막대한 시간의 낭비를 줄일 수 있기 때문에 전체적으로 보면 매우 효율적인 방법이 되는 것이다.

이러한 처리 방법은 컴퓨터 하드웨어와 소프트웨어의 발전 때문에 가능해진 것이기도 하다. 하드웨어의 성능이 비약적으로 향상되었고, 소프트웨어의 논리 구조가 매우 효율적으로 발전했기 때문이다(1980년대 이전이라면 처리 용량 부족 때문에 대규모 처리 용량을 보유한 일부 기업 외에는 채택할 수 없었을 것이다).

지금까지의 설명을 요약하면 다음과 같다.

- 분류체계를 만들 때에는 대분류-중분류-소분류 등 큰 것부터 작은 것의 순서로 만드는 것이 일반적이다.
- 그러나 이것은 코드의 값이 변하지 않을 때에는 유용하지만 코드 값이 변경될 수 있는 경우, 특히 그 코드가 광범위한 영향을 미치는 것이라면 이는 큰 문제를 유발한다.
- 일반적으로 코드 값이 변경되지 않는다면 대체로 유의미 코드를 선택해도 문제가 없지만, 코드값이 변경될 수도 있는 것이라면 그 코드는 다른 방법으로 처리해야 한다.(위 사례와 같이 속성으로 처리하는 방법 등)

둘째, (유의미코드일 경우) 분류체계의 상세화 수준 결정

분류체계를 만들 때 분류 대상을 얼마나 세분화된 수준까지 분할(Breakdown)할 것인가를 결정하기 위한 단계이다. 동일한 대상에 대해 분류체계를 만들더라도 사업 내용과 규모, 경쟁우위 요소 등 다양한 요인에 의해 상세화 수준이 달라진다.

예를 들어 델(Dell) 사와 같이 컴퓨터 조립을 주력 사업으로 하는 기업은 조달 부품의 종류는 많은 대신 상세화 수준은 낮을 것이며, 이에 비해 컴퓨터 부품 제조업체에서는 조달 부품의 종류는 적은 대신 상세화 수준은 높을 것이다. 물론 모든 기업이 이와 같은 경향을 따르는 것은 아니다. 특정 설비에 대해 원천 기술과 설계/생산 기술을 독점하는 기업의 경우에는 모든 종류의 부품에 대해 상세화 수준이 매우 높은 경우도 있다.

기업의 규모가 상세화 수준에 영향을 미치는 경우도 많다. 대체로 기업 규모가 클수록 아웃소싱 부분이 많아지고 구매 단위도 커지기 때문에 상세화 수준은 낮은 반면 조달의 폭은 넓어지는 경향이 있다. 이와 같은 이유 때문에 E&C 산업의 경우 디벨로퍼(Developer)는 상세화 수준이 매우 낮을 것이다.

기업의 경쟁우위 요소에 따라서도 상세화 수준이 달라질 수 있다. 앞에서 예로 든 델 사는 고객이 요구하는 사양에 따라 조립된 제품을 공급하는 데에 경쟁우위가 있기 때문에 몇 가지 정해진 모델을 조립해서 공급하는 일반적인 기업보다는 상세화 수준이 높을 것이다.

업무 수행 방법에 따라서 상세화 수준이 달라질 수도 있다. E&C 산업의 경우 프로젝트의 공기에 큰 영향을 미치는 일부 자재에 대해서는 설계~구매~운송~통관~현지운송~입고~설치 등 전체 과정에 대해 조달 현황을 관리할 필요가 있는데(이를 Material Tracking이라고 한다), 이에 해당하는 자재의 분류체계는 매우 상세하게 정의되어야 한다. 일회성으로 사용되는 자재일 경우가 많아 정확한 사양이 관리되어야 하기 때문이다.

셋째, (유의미코드일 경우) MECE 원칙과 체크 방법

MECE란 'Mutually Exclusive and Collectively Exhaustive'의 약자다.

어떤 대상을 중복되지 않게, 그리고 빠짐 없이 분류하는 것을 말한다. MECE 기법의 유래에 대해서는 여러 가지 설이 있다. 세계적인 경영 컨설팅 업체인 맥킨지에서 컨설팅 방법론으로 만들었다는 주장(<로지컬 씽킹>, 테루야 하나코 & 오카타 게이코)도 있고, 보고서 작성과 분석법, 프레젠테이션에 관한 지도자로 유명한 바바라 민토(Barbara Minto)가 저술한 <논리의 기술>에도 이와 유사한 개념이 나온다. 바바라 민토가 맥킨지에 근무한 적이 있으니, 그 때 이 개념을 방법론에 도입했던 것인지도 모르겠다. 인터넷을 찾아보면 MBA 과정에도 들어가 있다는 것이 나온다.

MECE 원칙은 자료의 분류체계를 만드는 데 있어서 매우 중요한 원칙이다. 그러나 누구나 이 원칙이 중요하다는 것을 암묵적으로는 알고 있지만 실제로 분류체계를 만들 때에는 자주 실수를 하는 것이기도 하다. 실수를 저지르는 가장 큰 이유는 자료의 다면성과 다중성을 명확히 이해하지 못한 데에서 비롯되는 경우가 많다. 몇 가지 측면의 데이터 성격을 섞어서 하나의 분류체계로 만들다 보면 중복이 발생하거나 빠지는 부분이 생기게 되는 것이다. 문서유형에 관한 분류체계를 사례로 하여 살펴보자.

(문서유형)	(문서 세부유형)
서신문서	접수서신
	발송서신
사업관리 자료	사업관리문서
	설계자료
	시공자료 ……
공급자자료	공급자자료
멀티미디어자료	멀티미디어자료

위의 사례는 분류체계를 만드는 원칙으로 보았을 때 잘못되어 있다. '자료 내용의 종류'를 구분한 것과 '자료 저장 형식'을 구분한 것이 섞여 있기 때문이다. 접수서신, 발송서신, 사업관리문서 등은 '자료 내용의 종류'를 구분한 것이지만, 멀티미디어 자료는 '자료 저장 형식'에 따라 분류한 것인데, 이것이 하나의 분류체계 내에 뒤섞여 있어 혼란을 초래한다.

만약 '설계자료'가 '멀티미디어' 형태로 만들어졌다면 위 분류체계의 어디에 속하는 것일까? '사업관리문서'가 '멀티미디어' 형태로 만들어질 수도 있다. 이런 경우 자료가 양쪽 모두에 해당되기 때문에 위 분류체계는 잘못된 것이다. '중복되지 않도록 하라(Mutually Exclusive)'는 원칙에 위배되기 때문이다.

분류체계를 만든 사람의 의도를 추측해 본다면 어떤 자료든지 관계없이 멀티미디어 형태로 만들진 자료는 '멀티미디어 자료'로 분류하려 했던 것 같다. 그러나 의도가 상대방에게 애매모호하게 해석될 수 있는 것이라면 그것은 잘못된 것으로 보아야 한다.

분류체계의 중복 여부를 체크할 수 있는 방법이 한 가지 있다. 분류체계의 값을 두 줄로 세워 놓고 한 쪽에서 다른 쪽으로 하나씩 확인해 가며 해당되는 항목에 선을 그어 확인하는 방법이다. 이렇게 해 보면 자기 자신에 해당하는 분류체계는 당연히 선이 그어질 것이고, 만약 분류체계가 중복되었다면 한 항목에 두 개 이상 선이 그어지는 경우가 있을 것이다. 이와 같이 자기 자신 외에 해당하는 항목이 더 있다면 그 분류체계는 잘못된 것이다. 자신에게 두 개 이상의 선이 모이는 것이 있다면 그 항목은 다른 성격의 분류체계로 설정되어야 한다는 것을 의미한다. 이와 같은 현상은 자료의 다면성과 다중성 때문에 발생한다. 다만, 이 방법은 데이터 항목의 수가 많으면 적용이 곤란하다. 그러나 이와 같은 개념만은 사용할 수 있을 것이다.

불행하게도 분류체계의 누락 여부를 명확하게 체크할 수 있는 방법은 없다. 모든 데이터를 다 대조해 보아야 누락여부를 알 수 있는데, 모든 데이터들을 다 모을 수는 없기 때문이다. 다만, 새로 만드는 분류체계라면 기존에 발생한 자료를 새로 만든 분류체계와 대조하여 해당 항목이 있는지를 확인해 볼 수는 있다.

이보다 더 좋은 방법은 해당 업무에 정통한 사람의 노하우를 활용하는 방법이다. 전문가가 아니라면 전체 자료를 어떤 식으로 분류하는 것이 좋은지에 대해 종합적인 관점에서 판단하기가 쉽지 않기 때문이다.

그러한 수단도 없다면 외부의 사례를 도입하는 것도 좋은 방법이다. 아주 복잡하거나 방대한 분량의 분류체계를 만들 때에는 이 방법을 많이 쓴다. 내부에서 작성할 경우 비용이 오히려 증가할 수 있고, 무리해서 만들었다 하더라도 시행착오가 발생할 위험이 많아 실제적으로는 손해인 경우도 있다. 다만, 도입하는 분류체계가 자신과 유사한 형태의 업무를 수행하는 기업에 해당하는 것인지, 그리고 그 분류체계를 사용하면서 문제는 없었는지에 대해 주의 깊게 확인하는 과정이 필요할 것이다.

④ 분류체계에 대한 Dictionary 작성

분류체계를 만들어 놓으면 작성자의 입장에서는 각 항목 간의 경계가 뚜렷할 것 같지만 실제 자료가 발생했을 때 그 경계가 생각처럼 확실하지 않은 경우도 많다. 특히 일회성으로 사용하는 분류체계일 때 그런 경우가 많다.

반복적이면서도 관례화된 환경에서 사용하는 분류체계는 대체로 항목 간의 경계가 명확하다. 예를 들어 일상적인 비용에 대한 회계 계정이나 자금출납에 관한 회계 계정이 그러하며, 물품 분류체계와 같이 각 항목에 대한 사양(Specification)이 관리되는 분류체계도 역시 그러하다.

그에 비해 M&A에 대한 회계 계정이나 E&C 산업에서 단위 작업에 대한 일의 대가를 산정하기 위한 품셈 등과 같이 반복적으로 사용하는 것이면서도 항목 간의 경계가 불확실한 것도 있다. 학교에서 학점 비중이 높은 과목으로 공부도 하고 사회에서 실무 경험을 쌓아도 자유자재로 사용하기 어렵다.

프로젝트가 발생했을 때 그 프로젝트에만 일회성으로 사용하는 WBS나 공정 Activity 분할체계도 항목 간 불확실한 것들이 많이 발생한다. WBS는 프로젝트의 문서관리, 공정관리, 품질관리 등 전체 업무와 관련이 있는 분류체계인데, 개수가 너무 많으면 프로젝트 참여자가 이해하고 활용하는 데 불편이 있어 개수를 최소화해야 하기 때문에 이로 인해 항목 간 경계가 애매한 경우도 발생하게 된다.

프로젝트의 WBS 분류체계를 수립할 수 있다는 것은 대단한 노하우를 가지고 있다는 것을 의미한다. 해당 프로젝트를 수행하는 데 필요한 모든 요소를 파악하고 있다는 것, 그리고 프로젝트에 참여하는 많은 이해관계자들 간의 효율적인 의사소통 기준을 알고 있다는 것을 의미하기 때문이다. 프로젝트를 수행함에 있어 우리가 열위에 있는 것이 바로 이 분야의 지식과 경험, 노하우다.

이와 같이 분류체계 내의 항목 간 경계가 불확실한 경우가 발생할 때에는 항목별 적용 범위와 기준을 정해야 하며, 이렇게 만들어진 것을 해당 분류체계에 대한 Dictionary라 한다.

5 자료관리구조 – 무엇이 次善인가?

이 부분의 타이틀을 '무엇이 차선인가?'로 했는데, 이는 최선을 추구한다는 것이 불가능한데도 거기에 집착할 경우 반복되는 시행착오에 빠져 시간과 비용의 낭비를 초래할 뿐만 아니라 자료관리를 통해 얻을 수 있는 효과와 기회마저 빼앗기게 된다는 것을 강조하기 위해서다. 이런 경우 최선을 주장하는 것은 마치 이상론에 빠지는 것과 같다. 너무나 완벽해 보여서 그것을 추구하지만 영원히 도달할 수 없는 신기루와 같은 것일 뿐이다.

이 책의 앞 부분에서 자료가 가지고 있는 특성에 대해 먼저 알아보았는데, 이는 우리가 자료를 얼마나 잘 '정의(定義)'할 수 있는지에 대해 알아보기 위한 것이었다. 무엇인가를 잘 관리하려면 그 대상을 잘 정의해야 하는데, 앞에서 살펴본 바와 같이 자료는 본질적·외재적 특성을 가지고 있어서 우리가 원하는 것만큼 정확하게 정의할 수 없기 때문에 완벽한 관리가 불가능하다는 것을 설명하였다. 자료를 관리하는 데에는 일정한 한계가 존재하는 것이다(사실 어떤 일이든 정도의 차이는 있지만 모두 그러하다).

'4. 자료분류체계 작성시 고려사항'의 모두(冒頭)에서 설명한 바와 같이 자료관리체계를 구축하려면 자료분류체계와 자료관리구조를 결정해야 하는데, 자료분류 체계에 관해서는 앞에서 설명하였고, 여기에서는 자료관리 구조에 대해 살펴보기로 한다.

자료관리 구조의 설계

자료관리는 순수하게 자료만을 관리하는 업무가 아니라 항상 무언가 다른 업무를 처리하기 위해 존재한다. 그래서 자료관리 업무의 일관성을 지키고자 하면 타 업무와의 관계를 탄력적으로 유지하기 위한 유연성을 갖추기 어렵고, 반대로 유연성을 갖추려고 하면 일관성을 지키기 어렵다는 모순을 안고 있다. 바로 이러한 점이 자료관리 구조를 최선의 상태로 설계하는 것을 불가능하게 한다. 그러나 이 두 가지가 서로 모순 관계에 있다고 해서 해결 방법이 전혀 없는 것은 아니다. 각 업무는 자체 업무 특성에 따라 처리하고, 자료관리는 최대한의 일관성을 지키도록 하면 될 것이다.

참고로, 여기에서 설명하는 것은 '질적 자료'에 관한 것임을 알려 둔다. '양적 자료'는 업무 종속성이 너무 강해서 각 업무별로 데이터베이스를 구축하기 때문에 여기에서는 논외로 한다.

자료관리가 지원하는 각 업무의 고유성을 유지하면서 전체 자료관리 체계의 일관성을 최대한 지켜 나가도록 하려면 자료관리 기능만을 떼내어 독립적으로 운영하는 것이 최적의 해결책이 될 수 있다. 아래 그림을 살펴보자.

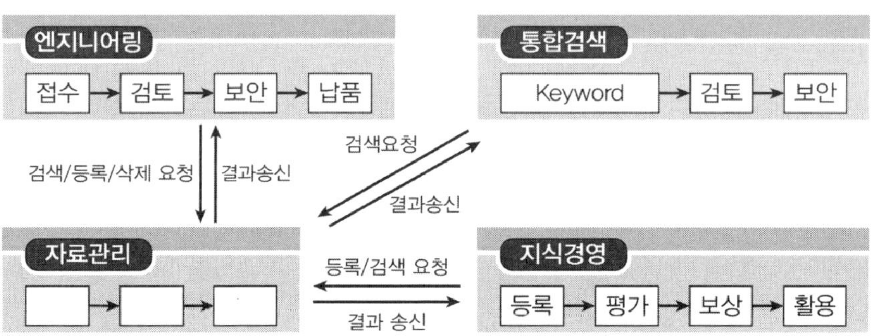

엔지니어링, 지식경영 등 각각의 업무에서 발생하는 자료를 해당 업무에서 처리하는 것이 아니라 별도로 운영되는 자료관리 시스템과의 협업(協業)을 통해 처리하는 방법이다(이와 유사한 구조로 운영되는 사례도 많이 있다. Document 관리용 소프트웨어 패키지를 적용하는 경우가 그러한데, 실제로는 각 업무별로 패키지를 종속시켜 운영하기 때문에 결국 자료관리의 일관성을 지켜 나가지 못한다는 것이 문제이다. 패키지를 사용했지만 그 장점을 제대로 살리지 못한 것이다).

위와 같이 하면 업무를 처리하면서 발생하는 자료는 각 업무 시스템이 아니라 자료관리 시스템에 존재한다. 따라서 각 업무 시스템에서는 자료처리에 필요한 사항, 즉 등록, 삭제, 검색, 요구 버전 등을 자료관리 시스템에 요청하면 자료관리 시스템에서 그에 필요한 처리를 하여 결과를 요청한 시스템에 되돌려 주는 방식으로 운영된다.

다시 말하면 특정한 목적의 업무(=정보시스템)는 자신의 고유한 업무를 처리하고, 자료의 등록이나 업데이트, 검색, 보존, 폐기 등 자료처리에 관한 사항은 모두 자료관리 시스템에서 담당하는 방식이다.

자료관리 구조를 이와 같은 방식으로 구축하면 새로운 업무 시스템을 구축하거나 새로운 자료분류 체계를 만들 때 이를 진행하는 과정이 달라진다. 즉, 새로운 업무 시스템을 구축하거나 분류체계가 필요할 때 기존의 분류체계를 검토하여 그것을 그대로 사용할 것인 지 혹은 새로운 분류체계를 만들어 쓸 것인지를 별도의 과정을 통해 결정할 수 있기 때문에 유사한 분류체계가 난립하는 것을 방지할 수 있고 기존에 축적한 자료의 활용도도 높아지는 효과가 있다.

이렇게 하면 특정 목적의 업무 시스템은 자신의 업무에 관한 사항만 처리하면 되고, 자료처리에 관한 사항은 자료관리 시스템에 넘기면 된다. 반대로 자료관리의 입장에서 보면 기존의 자료분류 체계를 참조하여 새로운 업무의 자료처리 방안에 대해 검토할 수 있고, 새로운 분류체계를 만들어야 할 때에는 기존 분류체계와의 관계를 더욱 집중적으로 분석할 수 있기 때문에 전체 자료관리체계의 일관성을 높일 수 있다(상대적으로 그러하다는 의미이다).

이것은 자료관리 부분만을 별도로 떼어 낸 형식으로써 소위 모듈화하여 운영하는 방법인데, 모듈 형식으로 구성하면 개발 효율이 떨어질 것이라 생각하기 쉽다. '자료관리'라는 업무를 별도의 시스템에서 처리하므로 특정 업무 시스템과의 사이에 인터페이스가 발생하기 때문이다. 언뜻 생각하면 그것이 옳은 것처럼 보인다. 그러나 인터페이스 설계를 하는 과정을 통해 특정 업무에서 요구하는 사항이 무엇인지를 더욱 명확하게 정의할 수 있고, 그것을 통해 기존 자료와의 유사성 검토나 축적 자료의 활용도를 높일 수 있어 오히려 더 효율적인 방법이다.

자료관리 조직 운영방안

자료관리 기능을 독립적으로 운영하려면 이를 위한 조직 또는 담당자를 두는 것이 좋다. 권장 사항이라기보다는 필수 이행 사항에 더 가깝다. 각 업무에서 발생하는 여러 가지 형태의 자료에 대해 유사점과 상이점을 비교·분석하여 기존의 데이터베이스를 이용할 것인지 혹은 새로운 데이터베이스를 만들어야 하는지에 대해 판단을 내려야 하는데, 여기에는 조직 내 전체 업무에 대한 이해가 전제되어야 하기 때문이다.

우리가 조직을 만들어서 일을 하는 것은 각 부서의 전문적인 지식과 경험을 조화롭게 연계함으로써 목표를 효율적으로 달성하기 위한 것이다. 이를 위한 가장 기본적인 전제조건이 각 부서에서 생산한 자료와 의사결정 내용이 관련 부서에서 업무를 수행하는 데에 도움이 될 수 있도록 해야 한다는 것이다. 선진국과 비교하면 이러한 데이터 연계성이라는 점에서 크게 차이가 나는데, 이로 인한 영향은 보통 큰 것이 아니다. 업무 연계가 잘 이루어지지 않으면 각 부서는 스스로 모든 의사결정을 내려서 업무를 수행해야 하는데, 여기에 소요되는 노력이 업무 연결 횟수만큼 추가로 투입되어야 한다. 그 뿐 아니라 그런 과정을 거쳐서 만들어진 자료와 의사결정 내용의 수준도 그리 높지 않다. 또한 그러한 업무 과정을 거쳐서 일이 완료되고 나면 그 결과가 다음 업무 사이클에 피드백되어야 하는데, 업무 연계가 제대로 이루어지지 않으면 이것 역시 효과를 기대하기 어렵다. 결국 동일한 시행착오를 반복하게 되는데, 이에 관해서는 제3부의 '2. 프로젝트 관리 방법론이란?' 중 '지식 영역간 연계'를 참조하기 바란다.

앞에서 설명한 '자료관리구조'에서 자료관리 기능을 각 업무로부터 떼내어 독립적인 시스템으로 구성하는 이유가 여기에 있다. 자료분류체계나 자료처리 과정을 설계할 때 조직 전체 차원에서 검토할 수 있는 기회를 부여하자는 것이다.

동일한 대상에 대한 분류체계는 한 개만 존재하는 것이 가장 이상적일 것이다. 그러나 실무 현장을 살펴보면 부서마다 각각 다른 분류체계를 가지고 있는 것을 쉽게 발견할 수 있다. 그들의 잘못은 아니다. 아무도 그것에 대해 확인하거나 조언을 해 준 적이 없이 그대로 맡겨져 있었기 때문에 그러한 문제를 해결할 수 있는 기회조차 없었기 때문이다.

이러한 문제점을 해소하기 위해서는 자료관리에 대한 전문적인 지식과 조직의 업무 전반을 이해하고 있는 누군가가 종합 조정하는 컨트롤 타워 역할을 해 주는 것이 필요하다. 자료의 성격에 따라서는 업계 전체 혹은 국가가 나서서 해결해야 하는 것도 있다. 이에 관한 내용 역시 제3부의 '4. 프로젝트 관리 방법론이 활용되지 않는 이유' 중 '기존 축적 데이터 형식의 부적합'을 참조하기 바란다.

업무처리에 대한 기준과 프로세스는 보통 정보 시스템에 녹아 들어가 있기 때문에 사용자는 시스템(=업무)의 구성 원리가 무엇인지 잘 모르는 경우가 일반적이다. 자신이 수행하고 있는 업무가 법령에 관계되는 부분이 있어도 해당 법령을 한 번도 들여다 보지 않은 상태에서 업무를 수행하는 경우가 대부분이라는 것을 보아도 알 수 있다. 더 나아가 단위 업무를 넘어 조직 전체 업무와의 관련성을 살펴 결정해야 하는 자료관리 업무의 특성을 감안한다면 자료관리 시스템 담당은 대체로 IT 조직의 담당자로, 혹은 자료관리의 중요도가 높은 산업에서는 IT와 유사한 별도의 조직으로 운영하는 것이 타당할 것이다.

자료관리의 성과는 잘 드러나지 않기 때문에 필요할 때마다 잠시 관련자가 모여서 당면 문제를 해결한 후 해산하는 것이 보통인데, 그렇게 하다 보니 체계적인 자료관리가 제대로 이루어지지 않는다. 서로 다른 의견을 가진 여러 부서 혹은 개인들이 자료관리 업무를 분산 형태로 운영하다 보니 일관성 있는 관리가 어려워지는 것이다. 제3부에서 구체적인 사례를 설명하겠지만, 자료관리의 중요성은 점점 더 높아지고 있다. 특히 해외 프로젝트를 수행할 때에는 자료관리 혹은 문서관리가 가장 중요한 시스템인데, 이에 대한 인식이나 이해도가 너무 뒤떨어져 있다. 또한 자료를 제대로 관리하기 위해서는 자료관리의 대상이 되는 업무의 내용에 대해 정통해야 하기 때문에 전문인력 양성도 쉽지 않다. 따라서 조직 내부의 자료관리 전문부서 혹은 전문가를 주의 깊게 양성할 필요가 있다.

전사 통합자료관리체계는 불필요하다

'자료관리구조'를 설명하면서 자료관리 기능을 각 업무로부터 독립된 시스템으로 구성하는 것이 효율적이라는 설명을 했다. 그러나 그것이

전사 통합 형태의 자료관리체계를 의미하는 것은 아니다. 전체 자료가 하나의 통합된 기준에 의해 운영되는 것이 아니라 자료의 활용도를 고려하여 몇 가지의 기준에 의해 운영하는 것을 의미한다.

물론 데이터 검색 서비스를 주력 사업으로 하는 기업이라면 당연히 통합검색 기능이 필요하겠지만, 일반 기업에서는 그 활용도나 효용성이 높지 않아 굳이 그런 체계를 구축할 필요는 없다.

심지어는 한 기업 내에 같은 종류의 자료관리체계라 하더라도 여러 개의 관리체계가 존재할 수도 있다. 부서마다 업무 내용이 달라 상세화 수준이 다르다거나, 취급하는 상품에 따라 서로 다른 속성을 관리해야 하는 경우 등이 그러하다.

자료관리는 항상 무언가 다른 업무를 위한 것이라는 점을 새겨 둘 필요가 있다.

제2부

글로벌화와 설계역량의 중요성

한 번 일정한 경로에 의존하기 시작하면
나중에 그 방향이 비효율적이라는 것을 깨달아도
익숙함 때문에 그 경로를 벗어나지 못하는 사고의 관습을
경로의 의존성(Path Dependency)이라고 한다.

__폴 데이비드 & 브라이언 아서(스탠포드大 교수)

프로젝트를 성공적으로 완료하기 위해서는 프로젝트 기획(사업구조 검토, 프로젝트 파이낸싱, NPV/ROI 검토, 리스크 검토 등)부터 수주 영업 활동, 견적, 프로젝트 수행(설계, 조달, 시공, 인수인계) 등 여러 가지 업무를 잘 수행할 수 있어야 한다.

이 중 설계 업무는 프로젝트의 수익성 검토, 견적, 조달, 시공, 인수인계 등 많은 부분과 관련이 있기 때문에 프로젝트의 성패에 큰 영향을 미친다. 그러나 우리나라 E&C 기업은 규모의 크기에 비해 설계 역량은 매우 취약하다. 아웃소싱에 의해 설계 업무를 처리하면서 주로 코스트 관리에 치중해 온 결과 설계관리 역량이 매우 약해진 것이다. 이러한 설계 능력의 취약성은 특히 해외 프로젝트를 수행하면서 겉으로 드러나게 되었는데, ○○건설이 중동 프로젝트에서, ○○엔지니어링이 미국 프로젝트에서 대규모 적자를 기록한 것은 그런 측면에서 되새겨 볼 필요가 있다.

한 가지 에피소드를 들어 보자. 누구나 잘 아는 국내 굴지 그룹의 오너인 최고위층 경영자가 다보스 포럼에 참석했을 때 자신의 그룹 계열사인 ○○사에서 수행하는 프로젝트의 발주 회사 회장을 만났다. 발주 회사 회장은 이 경영자에게 "○○사의 설계능력, 특히 3D(3차원) 설계 능력이 너무 뒤떨어진다."라는 말을 했다. 이에 충격을 받아 ○○사는 강도 높은 경영진단을 실시했고, 그 후 설계능력 강화를 위해 하드웨어 및 소프트웨어 도입, 설계자에 대한 교육, 해외 유수 회사의 업무 운영 프로세스 도입 등 전방위적인 개선 활동을 벌였다.

설계뿐만 아니라 설계관리 능력 면에서 보았을 때 국내 건설사들이 이 회사와 특별히 다르지 않으며, 이와 같이 설계 능력이 취약하면 앞에서 이야기한 바와 같이 프로젝트 업무 전반에 큰 영향을 미치기 때문에 수익성 악화는 피할 수 없다. 해외 프로젝트를 수행할 때에는 설계와 더불어 프로젝트 관리 능력이 매우 중요한데, 우리의 프로젝트 관리능력 역시 매우 취약하다. 프로젝트 관리 부분에 대해서는 제3부의 '5. 프로젝트 관리 방법론과 협업체계 적용 방향'에서 살펴보기로 하겠다.

1 글로벌화가 E&C 산업에 미친 영향

최근 5년 간 해외 건설 프로젝트의 수주 규모가 가파르게 상승하고 있다. 국내 건설 시장이 정체 내지는 축소하고 있는 상황에서 안정적인 사업 규모를 유지한다는 측면에서는 다행스런 일이지만 수익성 면에서는 낙관할 수만은 없다는 전망이 많이 나온다.

과거 1980년대에도 중동 건설시장 붐이 일어나 해외 진출이 활발했던 시절이 있었다. 해외진출 열기로 보면 현재의 상황과 비슷하지만 프로젝트 수행 환경에는 큰 차이가 있다.

중동 건설 붐 때에는 국가 차원에서는 부족한 외화를 벌어들일 수 있었고, 건설사 입장에서는 세계 시장에 진출할 수 있는 절호의 기회를 잡을 수 있었다. 국내 시장이라는 우물에서 벗어나 세계적으로 인정받는 다수의 건설회사가 이 시기에 자리매김을 한 것이다. 반면에 해외 시장의 특성을 제대로 이해하지 않은 상태에서 프로젝트를 수행하는 바람에 몇몇 건설사는 부도를 맞기도 했고, 대형 건설사 중에서도 일부는 존폐의 기로까지 갔던 적도 있었다. 중동 건설 붐 이후에도 ㅇㅇ건설이 멕시코 정유공장 프로젝트에서 막대한 손실을 보고 휘청거린 경험도 있다. 그 건설사는 그룹 내부의 정유공장 건설 경험이 있었음에도 불구하고 그와 같은 고통을 겪었던 것이다.

이와 비교하여 국내 건설시장이 정체 상태에 머무르고 있는 현재 상황 역시 해외 시장은 한국 건설업계가 성장·발전하기 위해 진출해야 하는 것은 틀림없지만, 그에 따른 리스크는 중동 붐 때보다 더 큰 위험으로 대두되고 있다. 이와 관련하여 설계 역량 측면에서 보면 지금의 상황이 더 위험한 것으로 본다. Genecon(General Contractor)으로 일컬어지는 대형 건설사의 프로젝트 통합·조정 능력이 오히려 당시보다 약화되었고, 설계사의 역량도 업무 스케일뿐만 아니라 도면 작성의 정확도와 정밀도가 당시보다 뒤떨어진 상태이기 때문이다. 설계 및 설계관리 역량이 향상되어도 모자랄 판에 오히려 뒷걸음을 치고 있었다는 사실이 안타깝다.

먼저, 설계사의 설계 역량에 대해 살펴보자.

1980년대에는 설계자가 평면, 입면, 단면도뿐만 아니라 상세도, 표준도까지 제공했고, 설계가 완료된 후에는 시공 현장에 파견되어 시공용 도면 작성 업무를 수행함으로써 시공성을 고려한 설계를 할 수 있었다. 이에 비해 지금은 설계와 시공 간의 연결이 단절되어 있어 시공성을 고려한 설계를 기대하기 어렵고, 설계자가 상세도와 표준도도 제공하지 않는다. 또한 앞으로 실제 사례에서 살펴보겠지만 설계 도면의 정확도와 일관성 측면에서도 많은 문제가 있다.

대형 건설사의 설계관리 능력은 훨씬 더 크게 퇴보했다. 설계 도면에 대한 검토 업무가 사라져 버렸기 때문에 도면 해석 능력을 키울 수 있는 기회가 상실되었기 때문이다. 공종별로 작성된 설계 도면에 대한 종합적인 검토는 Genecon(종합건설사)에서 수행하는 것이 타당하지만, 실제로는 공종별 외주업체가 검토한 후 이른 바 시공용 도면인 Shop Drawing을 작성하고 있다. 이는 역할이 뒤바뀐 것일 뿐더러 외주업체가 프로젝트 진행상황을 조정할 수 있는 권한이 없기 때문에 많은 문제를 야기하고 있다는 점을 중시할 필요가 있다.

이러한 업무 관행 때문에 Genecon의 설계 검토 능력이 퇴보하게 된 것이다. 대형 건설사가 Genecon 체제로 전환하기 시작한 1990년대 중반 이후에 입사한 직원들은 대부분 도면 검토 업무에 대한 기회를 별로 갖지 못했으며, 그로부터 20여 년이 지난 지금은 그러한 문제점이 더욱 심화되어 초급 간부 혹은 중견 간부조차도 도면을 제대로 읽을 줄 모르는 사람이 많다. 그 당시에 입사한 사람들이 지금은 초급 또는 중견 간부에 이르렀기 때문이다(설계 전문 조직이 있는 경우에는 그나마 조금 낫다). 지금은 여기에서 더 나아가 도면을 보는 것은 하도급 직원들이 하는 일이라는 사고가 상식처럼 되어 버렸다.

설계 및 설계관리 역량 외에 중동 건설 붐 대비 리스크가 더 커진 요인이 하나 더 있다. 프로젝트 수행 내용이 당시에는 단순 도급에 불과해 리스크가 적은 편이었지만, 지금은 대부분이 턴키(Turn-key) 방식이어서 수행 범위가 더 커졌고, 리스크는 훨씬 더 높아졌다는 점이다. 턴키 방식의 프로젝트를 수행하려면 설계 역량의 중요성이 더 커지기 때문에 현재의 상황이 더욱 우려된다(그러나 해외의 대규모 프로젝트가 턴키로 발주되었다 하더라도 실제로는 조금 다른 방식으로 진행하는 경우가 많다. 턴키 방식은 Engineering-Procurement- Construction을 모두 계약자의 책임 하에 수행하는 것인데, 여기에는 매우 큰 리스크가 잠재되어 있고, 이는 발주자 입장에서도 바람직하지 않기 때문에 실제로는 발주자가 설계 부분에 일부 개입하는 Design-Build와 유사한 형태로 진행하는 경우가 많다. 여기에 발주자가 직접 개입하기보다는 Project Management Consultant를 고용하여 활용하는 것이 보통이다. 그러나 이 경우에도 리스크가 크게 감소하는 것은 아니다).

이 외에 프로젝트 관리 방법론의 부재(不在) 역시 프로젝트의 수익성을 악화시키는 큰 요인이다. 대규모 프로젝트를 수행하려면 다양한 이해관계자(Stakeholder)가 참여하게 되어 대단히 복잡하고 변동성이 많은 상황을 끊임없이 통합하고 조정해 주어야 하는데, 이를 뒷받침하는 것이 프로젝트 관리 방법론이다. 우리나라에 프로젝트 관리 방법론이 소개된 지는 20여 년이 되었지만 제대로 활용된 적이 없는데, 그 이유에 대해서는 제3부의 '4. 프로젝트 관리 방법론이 활용되지 않는 이유'를 참조하기 바라며, 여기에서는 설계 및 설계관리 역량에 관계되는 부분에 대해서만 살펴보기로 하겠다.

2 설계역량 약화 원인과 Genecon으로의 변천 과정

설계 및 프로젝트 관리 능력의 약화라는 문제는 의도적인 행위에 의해 발생한 것이 아니라 E&C 산업의 생태계가 그러한 상황을 만들어 내도록 구조화되었기 때문에 발생한 것이다. 이와 관련하여 대형 건설사가 Genecon 체제로 변천되어 가는 과정을 살펴 볼 필요가 있다.

1980년대에 중동 건설 붐을 통해 건설사가 크게 성장함에 따라 1990년대 중반부터 대부분의 대형 건설사는 일본의 사례에 따라 Genecon체제로 전환해야 한다는 논의가 이루어졌고, 실제로 조직과 업무를 그러한 방향으로 정비했다. Genecon이란 General Contractor의 약자로써 설계·제작·시공 등 직접 생산 업무는 아웃소싱 체제로 전환하고 Genecon은 프로젝트의 기획/계획과 조달, 통합 조정, 피드백 등 부가가치가 높은 업무를 수행하는 방향으로 발전시켜야 한다는 취지에서 논의되기 시작했다. 1980년대까지만 하더라도 대형 건설사 내에 설계 부서나 조경 담당 부서도 운영하고 있었고, 구조물의 골격을 이루는 PC(Precast Concrete) 제작 공장이나 철골 구조물을 제작하기 위한 철구사업소, 크레인이나 불도저 등 건설 중장비를 운영하는 장비사업소 등도 있었는데, 이러한 부분을 모두 정리하고 아웃소싱에 의해 해결하는 것이 부가가치를 높이는 길이라고 판단했던 것이다. 당시 건설사가 점점 대형화되어 가고 있었고, 세계 시장 진출을 확대해 나가는 추세에서 그 방향은 올바르게 선택한 것으로 평가된다.

문제는, Genecon이 고부가가치 업무를 담당한다는 역할을 버려두고 코스트 관리, 즉 이익 관리를 중심으로 한 역할만을 수행하고 있다는 데에서 비롯된다. 잘 알다시피 프로젝트에 대한 계획은 너무 허술하고, 그로 인해 프로젝트 진행 중에 계획 변경이 허다하게 발생한다. 이에 대해 프로젝트에 중요한 일정 정도만 지켜 나가면 되는 것 아니냐고 생각할지 모르지만, 그것은 아주 큰 착각이다. 발주자에 대해서는 주요 일정만 지키는 것으로 충분할지 모르지만, 프로젝트 수행에 참여하는 각 주체들은 작업 일정에 변동이 생기면 인력 확보 등 자원 조달에 관한 스케줄을 모두 조정해야 하는데, 여기에 따른 비용이 만만치 않아서 정확한 작업 일정 관리가 매우 중요하다. 일정의 빈번한 수정은 당연히 생기기 마련이라는 생각을 가진 사람이 대부분인데, 글로벌 관행으로 보면 이런 것은 대부분 낭비에 해당하며 그것은 곧 손실로 이어진다. 해외 프로젝트에서 큰 손실을 보는 이유 중 하나다.

프로젝트를 수행하다 보면 현장 상황이 계획과 부합하지 않는 경우가 발생하기도 하고 공종 간 간섭사항도 많이 발생하게 되는데, 이를 제대로 조정하는 활동을 하지 않기 때문에 많은 문제가 발생하는 것이다. Genecon이 설계에 대해 종합적인 조정 역할을 수행하지 않으므로 서로 간섭이 발생하는 하도급 업체 사이에서는 서로 먼저 공사를 끝내려는 경쟁이 벌어진다. 간섭이 발생하면 그 문제는 후속 공정에서 처리해야 하기 때문에 그러한 부담을 피하려는 의도이다.

이런 상황에서는 재설계, 재제작, 재시공 등의 낭비가 항상 발생할 수밖에 없는데, 우리는 그러한 현상을 당연한 것, 어쩔 수 없는 것으로 인식하고 있는 지경에까지 와 있다.

3 문제점이 드러나지 않은 이유와 갑을문화

앞에서 대형 건설사가 Genecon으로 변천되어 가는 과정을 설명하면서 Genecon이 프로젝트 수행에 큰 영향을 미치는 프로젝트 관리업무(기획/계획 수립, 통합 조정, 피드백 등)를 소홀히 하고 있다는 점을 문제점으로 지적했다. 프로젝트 관리가 제대로 이루어지지 않으면 프로젝트 전체의 활동이 비효율적으로 진행될 뿐 아니라 커다란 낭비가 발생하게 되는데, 그러한 현상이 왜 지금까지 밖으로 드러나지 않았을까?

결론부터 말하자면 클레임 문화의 부재 때문이다. 그리고 이와 직접 비교되는 것이 갑을문화(甲乙文化)다. 모든 E&C 프로젝트는 반복 재생산품이 아니라 일회성 생산품이기 때문에 프로젝트를 진행하면서 수많은 변동사항이 발생하게 된다. 그러한 변화 요인에도 불구하고 당초의 계약 내용을 그대로 유지하는 것은 불합리하기 때문에 발주자와 계약자 사이에 상호 주장과 협의를 통해 계약 내용을 변경해 나가는 것이 클레임 제도다. 상호 주장을 통해 계약 내용을 변경할 수 있어 발주자와 계약자가 서로 대등한 파트너 관계로 일할 수 있는 제도이며, 발주자가 계약자보다 우월한 입장에 있다는 점을 감안할 때 이는 계약자에게 유리한 제도라고 볼 수 있다.

이와 같이 클레임 제도가 프로젝트를 합리적으로 이끌어 나갈 수 있는 바탕이 된다는 점 외에 또 한 가지 중요한 효과가 있다. 어떤 일이든지 완벽할 수는 없기 때문에 일을 수행하다 보면 시행착오와 비합리적인 부분이 발생할 수밖에 없는데, 클레임이 그러한 문제점에 대한 내용을 명확하게 드러내 주고, 그를 통해 문제점을 개선할 수 있도록 도움을 준다는 점이다.

프로젝트가 끝난 후 클레임 내용을 분석해 보면 프로젝트 내용의 변경에 따른 정상적인 부분과 재설계/재시공 같은 낭비 혹은 오류 등에 의한 비정상적인 부분을 명확하게 구분할 수 있고, 책임 소재도 확실하게 구별할 수 있다. 이러한 이유 때문에 클레임 제도가 제대로 작동하는 국가에서는 낭비나 오류에 대한 통계가 잘 만들어져 있고, 통계자료의 신뢰도도 높다. 이러한 분석 내용과 통계 자료를 활용하여 업무 개선 활동도 합리적으로 이루어질 수 있는 것이다. 그들의 통계 자료를 볼 때마다 우리에게는 그러한 자료를 만들 수 있는 여건이 마련되지 않았다는 사실이 안타깝다는 생각이 든다.

클레임 제도와 대비해 우리나라에서 작동하는 제도는 갑을문화이다(문화를 제도라고 표현하는 것은 좀 어색한 면이 있지만, 상호 비교를 하기 위한 것으로 이해했으면 한다. 문화란 하이예크(Friedrich von Hayek)의 표현으로 한다면 '자생적 질서'라고 볼 수 있는데, 이것이 더 알맞은 표현인 것 같다). 우월한 입장에 있는 '갑'이 그렇지 못한 '을'을 권위주의적으로 대하는 것을 소위 갑을문화라고 한다. 갑을문화가 작동하는 사회에서는 설사 을이 자기주장을 할 수 있는 일이 있다 하더라도 이를 갑에게 공식적으로 표출할 수가 없다. 따라서 비공식적인 읍소나 양해를 구하는 방식으로 소통할 수밖에 없는데, 이러한 업무 방식으로 인해 프로젝트의 변동 내용에 대해 명확하게 분석하거나 계량화할 수 있는 자료를 얻을 방법이 없다. 양 당사자 사이에 발생하는 문제점을 정확하게 포착할 수 없기 때문에 무엇을 어떻게 개선해야 하는지에 대한 방향조차 설정하지 못하는 것이고, 더구나 실행에 옮긴다는 것은 언감생심(焉敢生心)일 뿐이다.

글로벌 거래관행이 클레임에 의해 계약 내용을 조정해 나가는 것에 비해 일본과 우리나라는 물량 정산(精算) 방식에 의해 계약 내용을 조정한다.

프로젝트가 끝날 즈음에 물량의 변동 사항을 결정하여 용역 금액에 반영하는 것인데, 물량의 조정은 갑과 을이 상호 간의 양해를 통해 이루어지기 때문에 내용이 부정확할뿐더러 낭비나 오류에 의한 부분은 전혀 표시되지 않아 문제점을 발견할 수 없어 업무 방식의 개선이 이루어지지 않는다. 프로젝트의 내용 변경에 의한 정상적인 물량 변동 현황도 정확하지 않지만, 오류가 발생한 부분은 기록이 남지 않기 때문에 문제점을 포착할 수 있는 기회는 아예 상실된다는 이야기다.

앞으로도 이와 같은 문제를 해결할 수 있는 기회는 좀처럼 생기지 않을 것 같다. 프로젝트를 수행하는 사람들만의 문제가 아니라 발주자(국가 최대의 발주자는 정부다)를 포함한 전체 이해관계자, 그리고 감사(Auditing)나 성과 측정 방식과 맞물려 악순환이 이루어지는 관계에 있기 때문이다.

갑을문화로 인한 문제의 악순환

프로젝트를 수행할 때에는 전문가적 판단이 필요한 경우가 많이 발생한다. 의사결정을 할 때 절차를 제대로 준수하는 것이 바람직하지만, 때로는 절차보다 전문가의 식견이 더욱 필요할 때도 많다. 전 세계적으로 널리 통용되는 프로젝트 관리 방법론인 PMBOK(Project Management Body Of Knowledge)은 일정/원가/품질/의사소통 등 10개 분야의 지식 영역을 47개의 프로세스로 나누었는데, 각 프로세스의 의사결정을 위한 'Tools & Techniques'를 보면 많은 프로세스에 '전문가적 판단(Expert Judgment)'이 의사결정 도구로 포함되어 있다. 사실 아무리 좋은 도구와 방법론이 있다 하더라도 지식과 경험이 없다면 별로 쓸모가 없을 것이다.

그런데 우리나라에서는 전문가적 판단에 의해 일을 진행하면 나중에 큰 불이익을 받을 수가 있다. 감사(監査)를 받게 되면 일의 결과보다 절차가 객관적이냐 하는 것을 더 중시하기 때문이다. 그것이 잘못된 것은 아니지만 언제나 그런 것은 아니다. 이와 관련하여 권태신 한국경제연구원장(前 기획재정부 차관)의 말을 들어 보자.

> 감사원은 공무원이 기업을 위해 (해야 할 일 중) 무엇을 안 해 줬는지를 들여다 보지 않는다. 거꾸로 기업을 위해 공무원이 해 준 게 뭔지를 들여다 본다. 특혜를 잡겠다는 건데, 이래선 공무원이 기업 중심으로 생각하고 규제를 풀기 어렵다. 공무원이 기업에 (당연히 해 주어야 하는) 건축 허가를 안 내 주면 나중에 문제될 소지가 없다. 하지만 적극적으로 기업 편익을 위해 허가를 내 주면 감사원이 청탁을 받았는지 등을 들여다 본다.
>
> _중앙일보, 2014.3.20

위와 같은 감사 관행 때문에 공무원이 문제 해결을 위해 적극적으로 나서지 않는다는 얘기다. 이것이 공무원만을 탓할 수 없는 이유다.

그렇다고 해서 감사원만이 잘못하는 것이라고 매도할 수는 없다. 지켜야 할 것을 안 지키는 사례가 부패 유형의 대부분을 차지하고 있기 때문에 가장 먼저 무엇을 잘못했는지를 따지는 것이다. 철도공단의 CCTV 납품 비리는 납품·설계·감사가 모두 한 통속이 되어 저지른 것이고(조선일보, 2014.6.19), 서울 강동구청 건축 인허가 비리는 건축업자와 건축사, 공무원이 짜고 친 것이며(조선일보, 2014.7.10), 언론에 심심치 않게 등장하는 업체 간의 담합 행위 등이 모두 지켜야 할 것을 지키지 않았기 때문에 발생한 것이다. 감사원 입장에서는 무엇을 제대로 지키지 않은 것인지에 중점을 두고 살피지 않을 수 없다.

그런데 이러한 감사 관행은 현업 부서의 기술 축적을 저해하게 된다.

감사를 염두에 두다 보니 모든 일을 판단할 때 관련 근거를 찾아보게 되는데, 현실에서 발생하는 모든 것을 절차화 할 수는 없으므로 절차에 없는 내용은 유관 부서에 문의하게 된다. 그러면 유관 부서 역시 눈치를 보느라 현업 부서에 필요한 해석을 주는 것이 아니라 기존에 행해졌던 유사한 사례에 대한 해석을 준다. 이런 식으로 업무가 이루어지다 보면 새로운 기술, 새로운 방법에 대한 적극적인 검토를 회피하게 된다.

기술이 축적되지 않으면, 다시 말해서 독특한 경쟁우위 요소가 없으면 장기적인 목표를 향한 기업 경영이 어려워지고, 이로 인해 단기 실적 위주의 평가체계를 통해 경영성과를 내는 방식을 선호하게 된다. 이것은 또 다시 경영진이나 현업 요원들로 하여금 담합이나 저가 수주와 같은 유혹에 빠져 들게 한다.

이와 같은 식으로 악순환이 계속되기 때문에 문제를 해결하기 어렵다. 어느 한 쪽이 문제라면 해결할 수도 있겠지만 서로 맞물려 가는 관계에 놓여 있어 마치 고르디우스의 매듭처럼 문제의 실타래를 풀기 어려운 것이다.

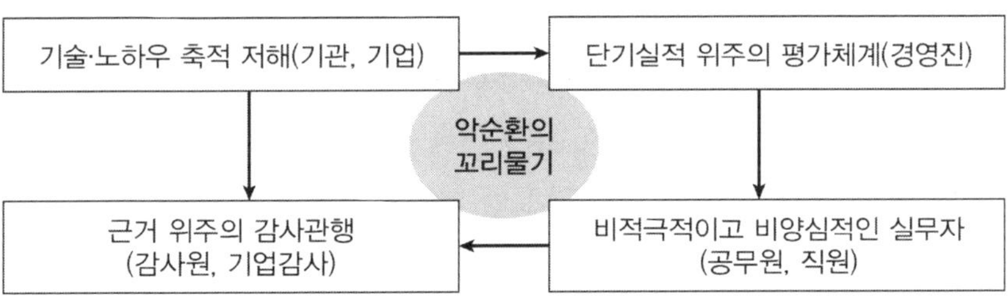

꼬리를 물고 있는 악순환

악순환의 족쇄 풀기

필립 짐바르도(Phillip Zimbardo) 교수가 스탠포드 대학교에서 실시한 '감옥실험'은 권위에 대해 사람들이 어떤 생각이나 행동을 하게 되는지에 대해 관심 가질 만한 통찰을 제공한다.

> 1971년 짐바르도 교수는 스탠포드 대학교 건물의 지하에 모의 감옥을 지어 놓고 실험 지원자들을 무작위로 죄수와 간수 그룹으로 나누었다. 감옥 실험은 6주 동안 실시하기로 하였는데, 실험 도중 간수 그룹의 행동이 너무 폭력적으로 변해 6일 만에 실험을 중단해야 했다.
>
> 간수는 죄수들에게 모욕적인 기합과 폭행을 행사하였으며, 죄수들은 처음에는 조직적으로 대항했으나 나중에는 우울증과 자기 비하에 빠진 것이 문제였다. 간수들은 처음에는 간수라는 역할에 거부감을 느꼈지만, 간수 제복이 주는 권위로 인해 죄책감을 느끼지 못하게 되었고 결국 죄수들은 '인격적으로 뒤떨어진 자'라는 생각을 가지게 되었다. _〈루시퍼 이펙트(Lucifer Effect)〉 주요 내용, 필립 짐바르도 著, 이충호·임지원 譯, 웅진지식하우스, 2007

이것이 짐바르도가 실시했던 '감옥실험'의 주요 내용이다. 짐바르도는 '감옥과 같은 억압된 환경 속에서 사람들이 어떻게 행동하는가'를 연구한 것인데, 이 실험은 갑을문화의 뿌리가 어디에 있는가를 잘 나타내 주고 있다고 본다. 바로 '권위주의'가 어떻게 생겨나는가 하는 것, 그리고 사람들이 주어진 '역할'에 얼마나 쉽게 빠져 드는가 하는 것이다.

권위를 가진 자는 정당하다고 생각하는 권한을 넘어 자신의 권력을 행사하려는 경향이 있고, 또 그러한 행동을 통해 상대방이 비굴한 행동을 하는 것을 보고는 자신이 도덕적으로 합당한 권력을 행사하고 있다는 생각을 갖게 한다. 반면에 복종하는 자는 권위를 따라야 한다는 생각을 가진 상태에서 상대방에게 복종하지만, 정당하다고 생각되는 범위를 넘어선 권력 행사에 대해서는 저항하거나 반발한다. 그러다가 그것이 계속 반복되면 체념하다가 나중에는 자기 자신이 그런 대우를 받아 마땅한 존재로 인식하게 된다. 이것을 다시 생각해 보면 간수와 죄수가 주어진 역할에서 벗어나 자신의 입장에서 생각하고 행동을 하게 되는 과정을 보여 주는 것이기도 하다.

상호 존중하는 생각이 없이 각자에게 주어진 입장에만 충실하게 되었을 때, 즉 정당한 권력의 행사나 복종에서 벗어나 권력으로 모든 것을 해결하려 할 때 나타나는 것이 '권위주의'인데, 이러한 권위주의적인 사고방식에서 작동하는 것이 갑을문화다. 우리나라처럼 갑을문화가 사회를 움직이는 뿌리 제도(Root System)가 되면 그 사회는 일정 수준 이상으로 발전하지 못한다(이에 대해서는 제4부의 '4. 갑을문화의 메커니즘과 탈피방안'을 참조하기 바란다).

갑과 을이 상호 존중하는 문화를 갖는 것이 갑을문화를 풀어 내는 근본적인 해결책이겠지만, 현실적으로는 정당한 권력 또는 권한 행사를 넘어 서지 않도록 하는 것이 시급할 것이다. 그런 의미에서 '김영란법(부정청탁 금지 및 공직자의 이해충돌 방지 법안)'이 어느 정도는 효과를 줄 것으로 본다. 부정한 행위를 단속하는 것이 부당한 권한 행사까지 막을 수는 없겠지만 최소한의 규제 효과는 가질 수 있을 것이다. 천라지망(天羅地網)을 설치한다 해도 그 사이에 있는 무수한 틈새를 막을 수 없듯이 제도만으로 모든 것을 해결할 수는 없는 것이지만, 이 법은 최소한 각자가 자신에게 주어진 역할에 몰두할 수 있게 하는 효과는 가져올 수 있을 것으로 본다.

갑을문화는 갑에게도 해롭다

갑을문화의 갑은 거의 무한한(?) 권력을 행사할 수 있기 때문에 갑이 자신에게 주어진 본연의 역할, 즉 해야 할 일을 을에게 떠넘길 수 있고, 이로 인해 자신의 역할을 수행하는 데 필요한 능력은 점차 약화되어 간다(그렇다고 해서 을에게 주어진 갑의 역할이 을에 의해 제대로 수행되는 것은 아니다. 어떤 역할을 수행하려면 그에 상응하는 권력 또는 권한이 있어야 하는데, 그것은 을에게 없기 때문이다).

비행기 안에서 라면을 맛있게 끓여 주지 않는다 해서 스튜어디스에게 폭언과 폭행을 한 '라면상무 사건', 재고 물량을 소진하기 위해 본사 영업사원이 대리점주에게 협박과 욕설을 내뱉은 '욕우유 사건', 차를 빼지 않는다고 하여 지갑으로 호텔 지배인을 때린 '빵사장 사건' 등 소위 '갑질' 하는 사례에 대해 국민들의 비난이 무척 매섭다. 그런데 이런 사례에 대해 언뜻 생각하면 갑에게 이미지 훼손이라는 피해만을 준 것으로 생각하기 쉽다(물론 그것도 큰 손해이기는 하다). 그러나 갑에게는 이미지 훼손보다 더 큰 손해가 있다. **'갑질'이 자사 조직원들의 부패와 무능화(無能化)를 가져오게 한다**는 점이 바로 그것이다. 거의 무한한 권력을 휘두를 수 있다 보니 그러한 권력을 이용하여 돈을 편취하려는 유혹에 빠지게 되고, 자신의 일을 을에게 떠넘기다 보면 정작 자기 자신은 무능해지게 된다. 이것이 갑에게는 이미지 훼손이라는 손해보다 더 큰 해악이다. 조직을 움직이는 건 결국 사람인데, 조직원들이 무능해진다면 어떤 일이 벌어지겠는가?

갑과 을이 계약할 때 갑의 능력 수준을 알아 볼 수 있는 방법이 있다. 계약의 대상이 되는 목적물에 대해 자신이 요구하는 것이 무엇인지를 어느 정도로 자세하고 정확하게 명시할 수 있느냐 하는 것이 바로 그것이다. 갑이 제시하는 스펙을 보면 갑의 수준이 어느 정도인지를 알 수 있다는 의미이다(우스운 얘기지만 때로는 갑이 을에게 자신이 요구하는 스펙을 작성해 달라는 경우도 있다). 그런데 갑질이 심할수록 스펙을 두루뭉실하게 작성하는 경향이 있다. 스펙을 상세하게 작성하면 그만큼 자신의 책임이 명확해지는데, 이를 회피하기 위한 목적인 것이다. 문제는, 그렇게 함으로 해서 갑의 실력은 점점 퇴보하게 되고, E&C 프로젝트의 경우에는 진행하는 도중에 시행착오가 그만큼 많이 발생하게 되어 더 많은 낭비를 초래하게 된다는 점이다.

프로젝트 진행 중에 당초 계약에 없는 변경 사항이 생기면 그에 합당한 비용을 을에게 주어야 한다. 그런데 설계/엔지니어링 업체에서는 갑의 요구에 맞추어 설계도면을 납품한 후에 갑에 의한 변경 사항이 생기면 몇 번이라도 변경된 도면을 만들어 주어야 하고, 시시때때로 갑이 부르면 예정에도 없는 출장을 가야 한다. 아무런 대가 없이…….

여기서 문제가 되는 것은 이러한 관행이 갑으로 하여금 계획 수립 능력과 조정 및 피드백 능력을 점차 떨어뜨린다는 점이다. 이 외에도 오류에 의해 발생한 비용을 을에게 떠넘긴다거나 갑이 해야 할 업무, 예를 들어 갑 내부의 보고서 작성을 을에게 맡긴다거나 하는 등의 다양한 갑질이 존재한다. 이것은 결국 갑에게도 손해로 작용한다.

이러한 행위가 국내에서는 그럭저럭 통하지만 글로벌 시장에서는 그렇지 않다. 국내에서 쓰던 방법을 글로벌 시장에서도 그대로 적용하다 보니 해외 프로젝트에서 그렇게 많은 적자를 기록하게 된 것이다.

을도 그렇지만 갑이 잘되려면 갑을문화에서 벗어나야 하고, 그러려면 궁극적으로는 갑과 을이 상호 존중하는 문화로 변화해야 한다. 이에 관한 자세한 내용은 제4부의 '4. 갑을문화의 메커니즘과 탈피 방안'을 참조하기 바란다.

4 3D/BIM 기술의 활용이 미진한 이유

도구의 선택은 일의 능률을 크게 좌우한다. 때로는 가능성의 영역이 어디까지인지를 결정하기도 한다. 특정 도구를 사용했을 때 불가능한 일이 다른 도구를 사용하면 가능해지기도 한다. 이것이 좋은 도구를 사용해야 하는 이유다.

개인용 컴퓨터가 등장한 1980년대에 최초의 표 계산(Spread Sheet) 소프트웨어인 비지캘크(VisiCalc) 프로그램이 출시되었을 때 당시의 열악한 하드웨어 성능에도 불구하고 재무회계 담당자들은 여기에 열광했다. 단순 계산 작업에 소요되었던 막대한 시간을 절약할 수 있도록 해 주었기 때문이었다.

수작업으로 표를 만들어 본 사람은 이해할 것이다. 가로의 합계와 세로의 합계를 맞추는 단순한 계산이 얼마나 괴로운지를. 여기에다가 중간 중간에 구간 별로 소계(小計)를 몇 개만 집어넣으면 더더욱 괴로워진다.

IT 전문가들은 비지캘크의 출현에 대해 매우 큰 의미를 부여한다. 사업가들로 하여금 개인용 컴퓨터를 사야 할 필요성을 느끼게 해 준 프로그램이기 때문이다. 비지캘크가 발전을 거듭하여 오늘에 이른 것이 엑셀(Excel)이다. 지금 당장 엑셀 프로그램이 없어진다면 어떤 일이 벌어질 것인지에 대해서는 특별히 얘기할 필요가 없을 것이다. 어떠한 도구를 사용하느냐 하는 것은 그래서 중요하다.

설계 업무를 지원하는 2D-CAD 소프트웨어는 마치 수작업으로 도면을 그리듯이 컴퓨터의 도움을 받아 2차원 평면 상에 도면을 그리는 도구이고,

3D-CAD는 3차원 공간 상에 목적물의 형상을 표현하는 도구이다. 선진국에서는 3D-CAD가 보편화되어 있지만, 우리나라에서는 3D-CAD 사용률이 5% 이하인 것으로 알려져 있다.

2D-CAD로 설계가 완료된 도면을 그대로 3D-CAD로 전환해 보면 터무니 없을 정도로 심각한 오류들이 발견된다. 장비설치 위치와 받침대의 위치가 서로 다르거나, 전기 콘센트가 출입문에 위치한다거나, 전기 케이블을 받쳐 주는 Cable Tray가 기계 배관을 관통한다거나, 기계 배관이 통과해야 할 위치의 콘크리트 벽체가 막혀 있다거나, 기계 배관이 도중에 끊어진다거나 하는 여러 종류의 오류들이 많다. 이 외에도 필요한 도면이 없다든가(=도면 누락), 평면~입면~단면도 사이의 내용이 서로 다르다든가(=도면의 일관성 오류) 하는 오류들이 3차원 도면을 작성해 보면 쉽게 발견된다.

이러한 오류는 주로 공종(Discipline) 간 간섭이나 도면 누락이 발생했는데도 이를 모르고 지나간 데에서 나타나는데, 그러한 오류는 3차원으로 형상화해 보면 아주 쉽게 발견할 수 있는 것들이다. 또한 3차원으로 설계했을 경우 도면의 일관성 오류 문제는 원천적으로 발생할 수가 없다.

BIM(Building Information Management) 소프트웨어는 3D-CAD보다 한 단계 진화한 도구이다. 기계 및 플랜트 분야에서는 훨씬 오래 전부터 PLM(Product Lifecycle Management)라는 도구로 상용화된 소프트웨어인데, 이는 목적물을 구성하는 각 부분을 단순히 3차원 형상으로 보여 주는 것을 넘어 각 부재에 대한 속성 정보를 활용하여 간섭 사항에 대한 검토뿐만 아니라 수량산출과 각종 시뮬레이션을 가능하게 한다. 아울러 부가적인 분석 도구를 적용하면 에너지 효율 분석이나 일영(日影) 검토 등 활용범위를 매우 넓게 확장할 수 있는 훌륭한 기술이다. 한 마디로 얘기하면 BIM은 현존하는 가장 우수한 설계 도구이다.

이와 같이 3D-CAD나 BIM은 3차원 공간에 대한 인간 인식의 제약을 넘어설 수 있도록 도와줌으로써 설계 및 설계관리 상의 많은 문제를 해결해 줄 수 있는 매우 유용한 도구다. 그런데 이렇게 유용한 도구의 활용이 왜 그토록 낮은 것일까? 가장 중요한 원인은 앞에서 설명한 산업 생태계의 문제와 클레임 문화의 부재 때문이다.

- **산업 생태계의 문제**(설계도면에 대한 무관심): 종합건설사의 담당자가 설계 도면에 대해 거의 관심이 없다. 현재의 건설 프로젝트 수행 형태를 살펴보면 BIM의 실질적인 수요자가 종합건설사인 경우가 많은데, 종합건설사가 설계도서 검토 업무를 하도급 업체에게 넘겨 버림으로써 결과적으로 BIM에 대한 관심이 멀어진 것도 문제이다.
- **클레임 문화의 부재**: 프로젝트 진행 중 발생하는 빈번한 설계변경이 투입공수와 작업기간에 악영향을 미치는 경우가 많다. 잦은 설계변경은 부적절한 프로젝트 진행방식에 기인하는 경우가 많은데, 보다 근본적으로는 생태계의 문제라고 본다. 설계변경을 해도 그 대가를 지불하지 않기 때문에 발주자가 아무런 부담 없이 변경 요구를 하게 되는 것이다.

5 어떻게 해야 하나?

북미에서 가장 아름다운 공항으로 알려진 미국 덴버국제공항은 나비 날개 모양의 유려한 곡선 지붕으로 설계되었으며, 늘어나고 있는 여객 수요를 감당하기 위해 추진하고 있는 인천공항 제2여객터미널도 마치 우주선을 형상화한 듯한 외관을 가지고 있다. 덴버국제공항과 인천국제공항은 공항 내에 여객터미널과 상점뿐만 아니라 호텔과 대형 회의장, 열차 역 등을 설치하여 여행객이 시내까지 갈 필요가 없는 이른 바 '공항도시'를 목표로 하고 있다.

국내에서 중앙 일간지에 보도되는 계기를 마련했던 동대문 디자인 플라자도 지붕 전체가 유선형으로 이루어져 있으며, 제작과정이 까다로운 외장 마감재의 제작은 BIM에서 제공하는 데이터를 활용하여 많은 부분을 자동화함으로써 문제를 해결했다.

공항이나 상업시설, 문화시설뿐만 아니라 청사, 역사, 체육시설 등 거의 모든 분야의 시설물들이 고급스럽고 유연한 공간을 구현하여 대중 앞에 속속 선보이고 있다. 기능 위주의 디자인을 넘어 예술적이고 감성적인 디자인을 통해 세상을 아름답게 하고, 자연 친화적이면서 인간의 감각과 교감하는 공간을 만들고자 하는 욕망이 이러한 모든 것을 추진하는 원동력이 되고 있다.

다만 여기에는 대가가 따른다. 그러한 욕망을 현실화하기 위해서는 구조물의 형상이 복잡해지고, 그에 따라 설계의 복잡도가 증가할 뿐만 아니라 각종 부재와 가설물의 제작 및 설치가 더욱 어려워지는 것은 필연이다. 이러한 제약조건과 난관을 극복하면서 설계자의 의도를 격조 있는 구조물로 구현할 수 있도록 도와주는 기술로 BIM이 탄생했다.

3D-CAD 기술 역시 3차원 공간에 대한 인식능력의 한계를 넘어서기 위해 만들어진 것이다. 도구를 제대로 활용하여 설계 업무의 완성도를 높이기 위한 방법에 대해 살펴보자.

갑을문화의 탈피

어떤 일이든지 완벽한 것은 없다. 더구나 일회성으로 공급되는 프로젝트에서는 두말 할 필요가 없다. 업무를 실행하다 보면 시행착오나 오류가 발생하는 것은 당연한 일이고, 그러한 잘못들이 명확하게 드러났을 때 합리적인 방향으로 개선할 수가 있다. 그런데 갑을문화라는 환경 속에서는 실제로 겪었던 잘못들은 모두 숨겨진다. 따라서 사실에 근거한 개선활동은 이루어질 수 없고, 중요한 사항일수록 더욱 더 깊은 곳으로 숨겨지기 때문에 실제로 개선되는 것은 말단지엽적인 것이 대부분이다. 어느 정도 시간이 지나고 나면 그나마 개선했던 것들도 제자리로 돌아가고 만다.

업무상의 비효율을 최소화하기 위해서는 상거래 관행 혹은 상거래 문화를 바꾸는 것이 가장 효과적이다. 예를 들어 앞에서 설명한 클레임 제도를 활용한다면 업무 상 오류에 대한 책임이 누구에게 있는 것인지 명확하게 드러나기 때문에 각 경제 주체가 스스로 업무를 합리화하려는 노력을 기울이게 된다. 따라서 클레임 제도나 계약을 중시하는 문화가 도입된다면 수많은 문제들이 해결될 수 있다.

우리나라의 거래 관행을 살펴보면 발주자, 즉 권한을 쥔 자의 임의로운 해석에 의존하는 부분이 많기 때문에 오류에 대한 책임이 밖으로 드러나지 않으며, 그로 인해 업무의 합리화가 제대로 이루어지지 않는다.

선진국과 비교할 때 우리의 생산성이 형편없이 낮은 이유가 대부분 여기에 있다고 본다. 다만 거래 문화를 바꾼다는 것이 특별한 경제 주체만의 노력으로 이루기는 어렵다는 점이 문제이다.

그러나 해외, 특히 클레임 제도가 적용되는 국가에서는 상황이 크게 달라진다. 그런 국가에서 프로젝트를 수행할 때 규정된 내용에 따라 업무를 수행하지 않거나 자기주장을 제대로 펼치지 않으면 이는 엄청난 손실로 이어지게 된다. 최근 우리나라 대형 건설사가 해외에서 대규모 적자를 기록하게 된 것 중의 큰 부분이 바로 이러한 이유 때문이다.

따라서 이러한 거래관행을 변화시켜야 하는데, 이에 관해 중요하게 고려할 사항이 있다. 우리가 어떤 제도나 관리체제를 구성할 때에는 이론과 합리성 여부에 의해 판단을 내리지만, 그것을 현실에 적용하고자 할 때에는 이해관계가 반드시 개입된다는 점이다. 새로운 제도나 관리체제에 대한 일종의 적응 과정이 시작되는 것이다. 이해관계에는 이로운 것이냐 해로운 것이냐 하는 것뿐만 아니라 그것이 관심사이냐 아니냐 하는 점도 크게 작용한다는 점도 잊지 말아야 한다. 종합 건설사에서 BIM 활용이 미진한 것도 알고 보면 설계 도서에 대한 관심이 없기 때문인 것이다.

상거래 문화를 바꾼다는 것은 특정한 경제 주체만의 노력으로 해결되는 것이 아니기 때문에 쉬운 일은 아니다. 그러나 작금의 해외 프로젝트 수행 사례를 통해 우리 E&C 산업의 문제점을 검토하여 글로벌 기업으로 거듭나려면 반드시 극복해야 할 과제이다.

라인홀트 니버의 통찰은 항상 감동적이다. 개인은 도덕적 관계로 만나게 되지만 집단은 이해관계로 만날 수밖에 없다는 그의 놀라운 관찰력에 대한 감탄은 세월이 오래 흘렀음에도 불구하고 변함이 없다. 건설문화도 이해관계의 변화에 따라 달라질 수 있다고 보는데, 해외 시장에서 겪었던 생태계의 이질성(異質性)이 우리나라 기업들에게 점점 더 크게 인식될 것이므로 그에 따라 상거래 문화도 바뀌어 가지 않을까 기대해 본다.

다만, 갑을문화에서 탈피하기 위해서는 앞에서 설명한 바와 같이 악순환의 고리를 끊어야 한다는 점을 유의하기 바란다. 이에 관한 좀 더 근본적인 고찰은 제4부의 '4. 갑을문화의 메커니즘과 탈피 방안'을 참조하기 바란다.

E(설계·엔지니어링)와 C(시공) 조직의 통합

E와 C가 통합된 형태로 업무가 이루어진다면 설계 부실화의 문제는 자연스럽게 해소될 수 있을 것이다. 프로젝트의 기획-설계-조달-시공-유지관리-폐기에 이르는 라이프사이클 전체에 투입되는 비용, 즉 라이프사이클 코스트(PLC, Project Lifecycle Cost)를 최소화하려면 앞 단계에 해당하는 작업을 더 충실하게 수행해야 한다. 앞 단계의 시간과 비용을 조금 더 들여서 완성도를 높이면 뒤의 단계에서는 몇 배의 비용을 절감할 수 있다. 따라서 E와 C 조직을 통합한다면 설계 업무의 완성도를 높이기 위해 노력하게 될 것이고 당연히 3D-CAD나 BIM 도구의 활용도를 높이게 될 것이다.

E+C 통합조직을 운영하려면 E와 C 분야에 역량을 갖춘 인력이 양성되어야 한다. 클레임 제도가 적용되지 않는 현재 상황에서는 프로젝트 오류가 밖으로 드러나지 않기 때문에 자연스런 개선이나 역량 향상을 기대할 수 없어 사람의 역량에 의존할 수밖에 없다(클레임 제도의 효과는 매우 크다. 만약 클레임 제도가 제대로 작동된다면 E와 C 조직을 어떻게 운영하느냐 하는 것도 문제가 되지 않는다. 통합된 조직이든 분리된 조직이든 관계없이 잘못이 있다면 밖으로 드러나기 때문에 문제점의 개선이 가능하다).

또한 프로젝트 실적 데이터 축적 방식도 바꿀 필요가 있다. 현재의 데이터 축적 형태는 설계와 엔지니어링, 시공이 모두 다른 형태로 되어 있어 종합적인 관리가 거의 불가능하기 때문에 업무 효율을 대단히 떨어뜨린다.

현재의 데이터 축적 형태를 살펴보면 E(설계)는 도면 수량 기준, EP(엔지니어링 및 설비조달)는 설비별 사양 및 수량 기준, C(시공)는 공종별 물량 및 직종별 노무량 기준으로 데이터가 축적되기 때문에 EP와 C 사이에 적정한 예산 판단과 배분이 매우 어렵다(설계는 데이터 축적 형태가 조직의 통합 운영에 특별한 영향을 미치지 않는다). 따라서 C(시공)도 설비별 또는 목적물의 부위별로 물량과 노무량 데이터가 축적되도록 변경하여 EP(엔지니어링 및 조달)와 데이터 관리를 통합할 수 있도록 해야 한다. 설비 또는 목적물의 부위를 구분하는 기준은 공정관리에 적합하도록 해야 하는데 이에 대해서는 제3부의 '4. 프로젝트 관리 방법론이 활용되지 않는 이유' 중 '기존 축적 데이터 형식의 부적합'을 참조하기 바란다.

한편 법률체계를 바꾸면 데이터 축적 형태를 통합하기가 용이하다. 현재 주택과 사무실의 설계는 주로 건축법과 건축사법을 적용하고 있고, 플랜트 등의 엔지니어링 사업은 엔지니어링 산업 진흥법을, 모든 건축물과 구조물의 시공은 건설산업기본법과 건설기술관리법을 적용하고 있다. 또한 비용을 산출하는 기준도 설계와 엔지니어링 사업은 '엔지니어링 사업 대가의 기준'을 적용하고 있고, 시공 사업은 '원가계산에 의한 예정 가격 작성준칙'을 적용하고 있다.

이와 같이 설계/엔지니어링과 시공 사업의 대가를 산정하는 기준이 서로 달라 E와 C를 통합하는 하나의 틀로 수렴하는 것이 거의 불가능하다. 따라서 사업 대가 산정기준부터 E와 C를 통합할 수 있도록 변경해야 할 것으로 생각된다. 아울러 시공 분야에서 간접 비용으로 산출하는 항목,

예를 들어 안전관리비나 각종 보험료 등의 특수 목적 비용도 산정 방법의 틀을 바꿔야 할 것으로 생각한다. 즉, EP와 C의 각 영역별로 데이터 관리를 최적화한다는 관점에서 벗어나 전체 통합 차원에서 최적화하는 방안이 필요한 것이다. 이것 역시 쉬운 일은 아니다. 그러나 갑을문화에서 탈피하는 것보다는 쉬울 것이다.

과거의 전통과 선조로부터 물려받은 유산이 얼마나 큰 영향을 미치는지를 여기서 알 수 있다. 법률이란 과거의 유산이다. 이에 대해 독일 출신의 미국 경제학자인 F. 리스트의 말은 음미해 볼 만하다.

> 현 상태의 국가는 우리 이전에 살았던 모든 세대들의 발견, 발명, 개선, 숙달, 분발의 결과이다. _프리드리히 리스트, 〈독식비판〉에서 재인용

마음속에 새겨서 기억할 만한 말이다. 후손들이 탓할까 두려워서가 아니라 그들에게 보다 훌륭한 전통을 물려주기 위해서 그렇다.

해외 프로젝트 수행시 설계 관련 유의사항

위에서 설명한 설계업무 개선 방안과는 별도로 해외 프로젝트를 수행할 때 설계 업무와 관련하여 특히 유의해야 할 사항을 살펴보기로 하자. 해외에서 부적절한 설계로 인해 발생하는 문제는 크게 다음 4가지가 있다고 본다.

- **부정확한 설계는 프로젝트 전체 과정에 문제 야기**: 앞에서 서술한 바와 같이 프로젝트 진행 중 발생한 변동사항은 모두 클레임에 의해 업무 조정이 이루어지는데, 설계가 부정확하면 프로젝트의 전체

과정에 문제를 일으킬 가능성이 높다. 클레임은 선진국일수록, 그리고 선진국 중에서도 사회주의 성향의 제도를 운영하는 나라일수록 더욱 엄격하게 적용하는 경향이 있다. 그러한 나라의 프로젝트라면 클레임 관리에 더욱 신경을 써야 한다. 또한 선진국이나 사회주의 성향의 국가가 아니더라도 PMC(프로젝트 관리 전문회사, Project Management Consultant)를 많이 활용하는 중동이나 인도 같은 나라에서도 클레임에 주의할 필요가 있다(세계 표준의 70~80%는 앵글로색슨 족이 만들어 낸 것이라는 주장이 있다. 상당히 타당성 있는 주장이다. 국제적인 거래 관행도 앵글로색슨 족이 만든 기준을 따르고 있다고 보아 틀림이 없다. 따라서 영연방 국가는 대체로 이 제도를 적용한다고 보아도 된다). 클레임 제도는 발주자와 계약자가 갑을관계가 아니라 파트너 관계에서 서로 대등하게 업무를 처리할 수 있는 것으로써 계약자에게 유리한 제도이다. 우리는 갑을문화에 익숙해서 요구사항을 제대로 제시하지 못하고, 상대방의 클레임에 대해서도 대응이 서툴러서 우리에게 불리한 것으로 느끼고 있을 따름이다.

- **시공자의 설계 내용 임의 수정 금지**: 우리는 설계도면 상의 오류와 시공 편의성을 고려하여 시공 현장에서 Shop Drawing(시공용 도면)을 작성하고 이에 따라 공사를 수행하는 관행이 있다. 그러나 해외에서 시공자가 설계 내용을 수정하여 공사를 하면 시공자의 잘못으로 간주된다. 따라서 도면에 오류가 있다면 설계자에게 의견을 제시하여 바로잡아야 하며, 그럴 수 없다면 도면 그대로 시공을 해야 한다. 이런 이유 때문에 설계의 정확성이 중요한 의미를 갖는 것이다. 또한 설계도면은 시공에 활용할 수 있도록 훨씬 더 상세하게 작성해야 한다는 점도 고려해야 한다(도면 물량으로 본다면 현재의 5~6배 정도가 된다).
- **제작 오류에 따른 문제 발생**: 시공현장에서 설계 오류를 바로잡아 시공을 했다 하더라도 해당 프로젝트에 맞추어 만들어지는 제작품

(설비, 배관, 철골, 비정형 마감재 등)은 설계도면에 따라 제작할 수밖에 없기 때문에 설계가 부정확한 경우 현장에 입고하고 보면 시공상황(As-built)과 일치하지 않으므로 재제작/재시공이 발생하게 되는데, 이는 프로젝트 손익에 큰 영향을 미친다. 특히 제3국에서 제작하는 경우에는 재제작 후 운송까지 기간이 많이 소요되므로 공기에도 심각한 문제를 유발하게 된다.

- **너무 낮은 설계대가로 인한 부실화 초래**: 설계에 대한 기본적인 대가가 낮은 것도 문제이지만, 빈번한 설계변경이나 현장 지원 요청이 발생하는 데에도 불구하고, 그에 대한 대가가 제대로 주어지지 않는 것 역시 매우 불합리한 현상 중 하나이다. 이로 인해 품질을 고려한 설계가 어려울 뿐만 아니라 역량 향상을 위한 투자 여건은 생각하기도 힘든 상황이다.

  이는 대형 건설사가 General Contractor 체제로 전환하면서 설계와 엔지니어링 대가가 점점 낮아진 데에 직접적인 원인이 있는 것으로 보인다. 이와 같은 현상은 E&C 산업 생태계 환경에 대한 일종의 적응과정이겠지만, E&C 산업의 발전과 구조적 문제의 해결을 위해서는 반드시 해결되어야 할 사항이다.

위에서 살펴본 바와 같이 설계가 부정확했을 때 공정, 코스트, 커뮤니케이션 등 프로젝트 전반에 미치는 영향이 매우 크다는 점을 깊이 인식할 필요가 있다. 해외 프로젝트를 제대로 수행하기 위해 기본적으로 필요한 것이 설계의 정확성과 정밀도이다.

제3부

프로젝트 관리 방법론과 협업체계

유전적인 사회성 진화(進化)에는 냉엄한 법칙이 있다.
이기적 개인이 이타적 개인을 이기는 반면,
이타주의자들의 집단은 이기주의자들의 집단을 이긴다는 것이다.

__에드워드 오스본 윌슨

‘조직(Organization)’은 말 그대로 ‘유기적(Organic)’이어야 한다. 조직 전체의 목표가 이루어질 수 있도록 각 부분이 일체화되어 있을 때 조직은 유기적인 구성체로 움직일 수 있다. 유기적으로 조직을 운영할 수 있도록 해 주는 기반은 ‘소통’이다. 조직을 구성하는 각 부문 간 소통이 원활하지 않으면 각 부문이 무엇을 어떻게 해야 하는지 알 수 없기 때문이다. 소통이 제대로 이루어지지 않으면 엉뚱한 결과물을 만들어 내게 되는데, 우리는 이를 일컬어 오류라 한다. 얼마나 큰 오류가 일어났는가, 그리고 그 횟수는 어느 정도인가에 따라 조직의 효율이 결정된다(오류가 제로(0)인 것이 최선이겠으나, 항상 그렇지는 않다. 오류를 제로로 만들기 위한 비용이 그로 인해 만들어지는 효과보다 큰 경우도 종종 발생하기 때문이다).

어떤 일이든 완벽한 것은 없기 때문에 오류는 피할 수 없지만, 동일한 일을 반복적으로 수행하게 되면 오류는 줄어 들고 때로는 무오류(無誤謬)를 달성할 수도 있다. 그러나 E&C 프로젝트는 모두 일회성 사업이기 때문에 반복에 의한 오류 제거가 제한적이다. 또한 프로젝트에 참여하는 이해관계자가 매우 많고, 사양변경, 일정변경, 공법변경, 예산변경 등 변화 요소도 매우 많기 때문에 오류를 줄인다는 것이 꽤 어렵다.

참여 주체의 다양성, 상시적 변경 가능성, 일회성 생산품이라는 세 가지를 E&C 프로젝트의 독특한 점으로 꼽을 수 있다. 이와 같은 요인 때문에 프로젝트를 완성하기까지는 수많은 조율 과정이 필요해지는데, 여기서 이해관계자 간, 그리고 부서 간 소통을 지원하기 위한 것이 프로젝트 관리체계이다.

프로젝트 관리체계는 ‘프로젝트 관리 방법론’과 ‘프로젝트 협업체계’로 구성된다. 프로젝트 관리 방법론은 ‘프로젝트의 목표 달성을 위한 각 업무 영역의 업무 수행 방법과 업무 영역 간 소통 내용에 대한 원칙’이며, 프로젝트 협업체계는 ‘프로젝트에 참여하는 이해관계자 간 의사소통의 장을 제공하는 환경'이라 할 수 있다.

프로젝트 관리 방법론을 크게 구분하면 '임기응변적 대응방법'과 '체계적 대응방법'이 있다(실제로는 임기응변적 대응방법이라는 말은 없지만 체계적 대응방법과 비교하기 위한 용어라고 이해해 주기 바란다). 이에 대해 체계적 대응방법이 더 우수한 것이기는 하지만, 이것이 항상 더 좋은 효과를 나타내는 것은 아니다. 발주자의 성향과 프로젝트 참여자의 업무 문화가 뒷받침된다면 체계적 방법론이 매우 큰 효과를 나타낼 수 있지만, 그렇지 않은 경우에는 오히려 부가적인 부담을 주고 업무에 혼선을 유발하게 되므로 피해야 한다. 우리나라에서는 임기응변적 대응방법을 사용하므로 체계적 대응방법의 적용은 피해야 한다. 임기응변적 방법을 사용하면 프로젝트 수행 과정에서 더 많은 시행착오가 발생하지만, 그렇다고 해서 체계적 방법을 적용하면 앞에서 말한 바와 같이 추가 비용과 업무상 혼선이 발생하게 되어 오히려 더 큰 손실이 발생한다는 점을 유의할 필요가 있다.

이 책에서는 서술 대상을 '체계적 대응방법'만으로 한정하며, 이는 해외 프로젝트, 그리고 선진국에서 발주하는 국내 프로젝트를 수행할 때 참고가 될 것이다. 일부 저개발 국가에서는 반드시 따를 필요가 없을 수도 있으나, 계약 내용의 해석에 관련된 부분은 글로벌 스탠더드를 고려해야 할 것이다. 문서관리, 공정관리 업무가 이에 해당한다. 다만, 뒤에서 설명하겠지만, 우리의 콘텐츠 생산 능력을 고려해야 한다(이에 관해서는 '4. 프로젝트 관리 방법론이 활용되지 않는 이유' 중 '콘텐츠 생산능력의 부족'을 참조하기 바란다).

한 가지 미리 말해 둘 것이 있다. 우리나라에서 프로젝트 관리 시스템(PMIS, Project Management Information System)을 프로젝트 협업 시스템(PCS, Project Collaboration System)과 동일한 것으로 이해하는 경우가 많은데, 이는 매우 큰 착오다. 우리나라의 PMIS는 각 기업 내부의 행정 업무 처리를 위한 시스템으로써 프로젝트 이해관계자 간 정보교환의 장을 마련해 주는 협업과는 전혀 다른 것이며, PMIS와 PCS 사이에 상호 필요 데이터에 대한 인터페이스가 발생하는 것 외에는 전혀 관계가 없다. 말하자면 PMIS는 특정 기업 단독으로 사용하는 것이고, PCS는 프로젝트에 참여하는 이해관계자가 공동으로 사용하는 것이다. 이 책에서는 PMIS는 언급하지 않는다.

1 글로벌화가 E&C 프로젝트 관리체계에 미치는 영향

글로벌화란 정치 부문을 제외한 경제, 문화, 사회 등 전 부문에서 사람과 물자, 기술, 문화 등이 자유롭게 이동하게 되는 것을 말한다. 영국의 사회학자인 앤서니 기든스(Anthony Giddens)가 주장한 <제3의 길>이 주류 경제이론으로 득세하면서 글로벌화가 급속히 진행되었는데, 그는 오스트리아 경제학파의 태두인 프리드리히 하이에크(Fredrich v. Hayek)를 인용하면서 사회주의의 비효율성과 자본주의의 불평등성을 극복할 수 있다고 주장했다. 그러나 그 이후의 세계 경제 현상을 살펴보면 앤서니 기든스의 주장보다는 토머스 프리드먼(Thomas L. Friedman)이 <렉서스와 올리브나무>에서 이야기한 바와 같이 '승자가 모든 것을 갖는' 것에 더 가까워지고 있고. 이로 인해 빈부 격차가 심화되고 있으며, 경쟁도 점점 더 치열해지고 있다.

어쨌든 글로벌화는 피할 수 없는 추세로 가고 있는데, 이로 인한 영향은 산업 분야마다 다른 양상을 나타낸다.

금융업은 자본가나 투자가의 자본시장에 대한 판단에 의해 모든 것이 일순간에 움직이므로 변동성이 심한 양상을 보이는데, 글로벌화로 인해 자본 이동이 훨씬 용이해지면서 변동성이 더욱 심화되었다. 1990년대 말 태국에서 시작된 금융위기가 말레이시아와 인도네시아, 그리고 우리나라까지 전파되어 큰 고통을 주었던 기억이 지금도 생생하다. 그 이후에도 금융 위기는 아르헨티나, 러시아, 브라질, 그리스 등 여러 나라에서 발생했는데, 이와 같은 경제의 급격한 변동성은 글로벌화의 확대에 기인한 바가 크다. 자본은 단지 컴퓨터 키보드의 클릭 한 번만으로 모든 것이 결정되는 특징을 가지고 있다.

제조업은 상품을 주고받는 것이어서 생산 과정이 어떻게 이루어지든 관계없이 계약의 목적물이 발주자 혹은 구매자가 요구하는 사양만 만족시키면 된다. 말하자면 생산 과정에 발주자나 구매자는 개입하지 않고, 아웃소싱 업체도 생산에 대한 자사(自社)의 정책에 따르기 때문에 계약 당사자 간에 주고받는 영향이 그리 크지 않다.

E&C 산업은 양상이 크게 다르다. 계약의 목적물을 발주자 요구에 맞추는 것은 물론 발주자와 아웃소싱 업체 등 프로젝트에 참여하는 이해관계자와 끊임없이 협의, 조정과 피드백을 해야 한다는 점이 타 산업과 비교했을 때 가장 특이한 점이다. 특히 E&C 산업의 C(시공) 분야는 해외 현지에서 생산이 이루어지면서 이해관계자와 지속적인 협의와 조정이 이루어지기 때문에 현지 국가 법령의 적용 범위가 훨씬 더 넓다.

계약의 완성에 필요한 계약 당사자 간의 행위 비교

산업분야	금융업	제조업	E&C 산업
계약 당사자간 필요 행위	의사결정 (판단)	발주자 요구에 맞춘 목적물의 인도	목적물 생산과정의 협의·조정·피드백과 목적물의 인도

註: 특히 E&C 산업의 C(시공) 분야는 현지에서 이루어지기 때문에 생산과정에서 준수해야 할 현지 법률의 종류가 많음. 노동관계 법률, 환경관계 법률, 공사관련 법률, 인허가 취득, 생산 부재의 통관 등

E&C 프로젝트의 생산을 계획하고 수행하고 통제하고 피드백하는 과정에 필요한 것이 바로 프로젝트 관리 방법론이다. E&C 프로젝트는 타 산업에 비해 생산 과정에서 이해관계자간 커뮤니케이션이 특히 많다. 프로젝트를 진행하면서 계획과 다른 변동사항이 계속 발생하는데, 이에 대한 의견 조정이 지속적으로 이루어져야 하기 때문이다.

최근 우리나라 기업들의 해외 진출이 급격하게 확대됨에 따라 해외에서의 프로젝트 관리 능력이 중요한 관건이 되고 있다. 제3부의 모두(冒頭)에서 우리나라는 프로젝트 관리에 대해 임기응변적 대응 방법을 사용한다고 했는데, 이 말은 사실상 방법론이 없다는 것을 뜻한다. 또한 방법론이 없기 때문이기도 하지만 의사전달 방법이 주로 구두(口頭)에 의해 이루어지고 있는데, 이는 국내에서는 그럭저럭 통용될 수 있으나 해외에서는 의사전달의 불명확성을 초래하고, 특히 클레임은 모든 것이 문서에 근거하여 처리되기 때문에 구두에 의한 의사전달 방식은 더욱 더 문제가 된다.

이와 관련하여 우리 기업들의 가장 큰 약점으로 설계 및 프로젝트 관리 역량의 부족과 클레임 대응 능력의 취약성을 꼽고 있다. 특히 2014년도의 해외 공사 수주 금액이 700억 달러를 넘을 것으로 예상하고 있으며 그 이후로도 그러한 추세가 계속 이어질 것으로 보고 있는데, 위와 같은 사유로 인해 해외 프로젝트에 대한 수행 능력 향상이 특히 중요한 이슈가 된 것이다.

글로벌화가 E&C 산업에 미친 영향은 크게 다음 6가지 정도로 볼 수 있다.

- **프로젝트 관리 방법론 도입 필요**: 앞에서 설명한 바와 같이 이해관계자 간 의사 전달과 의견 조정을 효율화하기 위해서는 프로젝트 관리 방법론이 반드시 필요하다. 이에 관해서는 뒤에서 설명한다.
- **클레임에 대한 대응 필요**: 제2부에서 설명한 바와 같이 클레임 제도는 발주자와 계약자 간의 상호 주장과 합의를 통해 변경 사항을 확정해 나가는 것으로써 발주자의 부당한 권력 행사에 대항할 수 있기 때문에

계약자를 보호할 수 있는 유용한 제도라고 볼 수 있다. 다만, 상대방의 주장에 대해 적절하게 대응하지 못한다거나, 클레임을 주장해야 하는 사항을 제대로 제시하지 못하면 일방적으로 책임을 져야 한다는 부담이 있다. 우리 기업들은 이러한 역량이 매우 취약하다. 그러한 방식으로 일을 해 본 적이 없기 때문이다.

- **문서관리 중시**: 프로젝트 진행 과정이나 이해관계자 간의 소통이 모두 문서에 의해 이루어지며, 문서로 남겨지지 않은 것은 주장의 효력이 없다. 클레임의 근거도 모두 문서로 제시되어야 하기 때문에 클레임 제도를 운영하고 있는 국가에서는 모두 문서관리를 매우 중요시한다. 문서에는 송수신 문서뿐만 아니라 프로젝트 진행 문서, 그리고 메일이나 메신저 등의 의사소통 자료도 해당되며, 이를 통틀어 문서관리 시스템으로 관리한다. 문서관리 시스템 외에도 품질, 공정, 코스트, HSE(안전·환경·보건, Health, Safety, Environment) 등 별도 시스템으로 운영되는 데이터도 포함된다.
- **공정관리는 프로젝트 관리의 중심**: 작업 진행뿐만 아니라 품질, 코스트, 자원 동원, 인허가 등의 모든 일이 계획 공정을 바탕으로 하여 이루어진다. 따라서 정확하고 신뢰도가 높은 공정관리가 매우 중요한데, 국내에서는 개략 공정 정도만 관리하고 있고, 상세 공정은 거의 관리하지 않는다. 이에 비해 해외 프로젝트에서는 상세 공정까지 관리해야 할 뿐 아니라 신뢰도도 높아야 한다. 계획 공정의 오류에 따른 책임은 모두 작성자가 져야 하기 때문이다. 즉, 계획 공정의 잘못으로 인해 공정이 지연되거나 자원 동원에 오류가 발생하면 공정 계획을 수립한 쪽에 잘못이 있는 것으로 간주된다.

또한 프로젝트 수행과 관련하여 국제 분쟁 발생시 빠짐없이 제출되어야 하는 것이 공정표다. 자기주장을 뒷받침하는 가장 기본적인 자료가 공정표이기 때문에 신경을 많이 써야 한다.

- **설계도서의 신뢰성 중요**: 제2부에서 설명한 바 있지만, 프로젝트 목적물에 대한 정의(定義)는 모두 설계도서에 담겨 있다. 따라서 설계도서가 잘못 작성되면 재시공, 재제작 등의 심각한 문제가 야기된다. 이에 대한 자세한 내용은 제2부를 참조하기 바란다.
- **글로벌 소프트웨어 패키지 사용 필요**: 우리나라에서는 소프트웨어 패키지보다는 기업 자체에서 개발한 소프트웨어를 선호하는 경향이 매우 강하다. 그러나 발주자가 글로벌 기업인 경우에는 자체 개발 소프트웨어에서 만들어진 데이터는 그다지 신뢰하지 않는다. 자체 개발 소프트웨어에 필요 기능이 모두 포함되어 있는지, 그리고 그러한 기능들이 글로벌 스탠더드에 부합하는지에 대해 확인하기가 어렵기 때문이다. 사실상 그들은 자제 개발 소프트웨어의 기능을 확인해 보겠다는 생각조차 하지 않는다. 그들에게는 패키지를 사용하는 것이 당연하기 때문이다.

  글로벌 소프트웨어 패키지를 도입한다 하더라도 주의할 점이 있다. 해당 소프트웨어 운영에 맞도록 업무 방식을 바꿔야 한다는 점이다. 업무처리 과정이나 데이터의 작성 형식, 데이터의 수집 및 확정 절차 등이 모두 해당 소프트웨어 패키지에 맞춰져야 하는 것이다. 우리나라에서는 자신의 업무에 소프트웨어 패키지의 기능을 맞추려고 하는 경우가 많은데, 이는 넌센스에 가까운 일이다.

위 6가지가 모두 우리나라 기업들에게는 취약한 부분인데, 이는 그만큼 우리의 거래 방식이나 업무 수행 방식이 글로벌 스탠더드와는 동떨어져 있다는 것을 의미한다. 프로젝트를 수행한다는 것이 단순히 발주자가 요구하는 목적물을 인도하는 것만으로 그치는 것이 아니라 진행 과정까지도 이해관계자와 함께 해야 하기 때문에 업무 수행 방식이 중요한 이슈가 되는 것이다.

위 6가지 중 클레임 외에는 모두 프로젝트 관리체계에 속하는 것들이다. 이 책에서는 클레임에 대한 대응 방안에 대해서도 함께 설명하도록 하겠다.

2 프로젝트 관리 방법론이란?

앞에서 프로젝트 관리 방법론을 '프로젝트의 목표 달성을 위해 각 업무 영역의 수행 방법과 업무 영역 간 소통 내용에 대한 원칙'이라고 정의했는데, 이에 대해 좀 더 자세히 알아보도록 하겠다. 프로젝트 관리 방법론의 전체적인 모습을 살펴보면 우리에게 부족한 점이 무엇인지를 파악하는 데에 도움이 될 것이기 때문이다.

여기서 소개하는 것은 프로젝트 관리 방법론의 상세 내용이 아니라 방법론의 제정 목적, 전체적인 구성 형식, 업무 간 연계, 도구와 기법의 사용 등 방법론의 주요 개념을 살펴봄으로써 우리의 실제적인 프로젝트 수행 내용과 비교하기 위한 것이다. 이를 위해 주로 국내에 많이 알려져 있고 세계적으로도 널리 사용되고 있는 미국 PMI의 PMBOK Guide, 그리고 한국엔지어링협회의 '사업관리 전문가(PMP) 양성과정' 자료를 참조하여 설명하도록 하겠다.

PMBOK Guide의 주요 내용

PMI(Project Management Institute)의 PMBOK(Project Management Body Of Knowledge) 가이드는 '프로젝트 관리'에 대해 '프로젝트의 요구사항 혹은 그 이상을 충족시키기 위하여 프로젝트 수행 관련 지식이나 역량, 도구, 기법을 적용하는 것'이라고 정의하고 있다.

Project Management is the application of knowledge, skills, tools, and techniques to project activities in order to meet or exceed stakeholder needs and expectations from a project.

_〈The Project Management Framework〉, PMI

프로젝트 수행에 관련된 지식은 그 범위를 어떻게 볼 것인가, 그리고 프로젝트 관리에 관한 지식의 영역을 구분할 때 각 지식의 범주를 어떻게 정할 것인가에 따라 매우 다양한 견해가 제시될 수 있다. 이에 대해 PMBOK에서는 일정, 원가, 품질 등 10가지의 '지식 영역'으로 구분하고 있고, 건설 분야는 프로젝트의 특성을 고려하여 안전, 환경, 재무, 클레임 등 4가지 지식 영역이 추가되어 있다.

각 지식 영역은 다시 업무의 흐름 및 통제 과정을 나타내는 착수, 계획, 실행, 모니터링 & 통제, 종료 등 5가지의 '프로세스 그룹'으로 구성되어 있고, 각 프로세스 그룹을 구성하는 세부 업무를 '프로세스'로 정의하고 있다.(아래 표 참조)

PMBOK Guide의 지식 영역과 프로세스

구분	착수 (Initiating)	계획 (Planning)	실행 (Executing)	모니터링&통제 (Monitoring&Control)	종료 (Closing)
통합(Integration)	프로젝트 차트 작성	프로젝트 관리계획 작성	프로젝트 실행 지시&관리	프로젝트 실행 감시&통제	프로젝트 종료
범위(Scope)		• 범위 계획 • 요구 수정 • 범위 정의 • WBS 정의		• 범위 검증 • 범위 통제	
일정(Time)		• 일정 계획 • 활동 정의 • 순서 배열 • 자원 산정 • 일정 개발		• 일정 통제	
원가(Cost)		• 원가 계획 • 원가 산정 • 예산 결정		• 원가 통제	

구분	착수 (Initiating)	계획 (Planning)	실행 (Executing)	모니터링&통제 (Monitoring&Control)	종료 (Closing)
품질(Quality)		• 품질 계획	• 품질보증 수행	• 품질 통제	
인적자원 (Human Resource)		• 인적자원 계획	• 팀 확보 • 팀 개발 • 팀 관리		
의사소통 (Communication)		• 의사소통 계획	• 의사소통 관리	• 의사소통 통제	
리스크(Risk)		• 리스크 계획 • 리스크 식별 • 정성적 분석 • 정량적 분석 • 대응 계획		• 리스크 통제	
조달 (Procurement)		• 조달 계획	• 조달 수행	• 조달 통제	• 조달 종료
이해관계자 (Stakeholder)	• 이해관계자 식별	• 이해관계자 관리 계획	• 이해관계자 참여 관리	• 이해관계자 참여 통제	
프로세스 그룹 수 (47)	2	24	8	11	2

PMBOK Guide Extension – Construction

구분	착수 (Initiating)	계획 (Planning)	실행 (Executing)	모니터링&통제 (Monitoring&Control)	종료 (Closing)
건설–안전 (Safety)		• 안전 계획	• 안전 활동	• 안전 통제	
건설–환경 (Environment)		• 환경 계획	• 환경 활동	• 환경 통제	
건설–재무 (Financial)		• 재무 계획	• 재무관리 및 기록 유지	• 재무 통제	
건설–클레임 (Claim)		• 클레임식별 • 클레임 영향도 정량화	• 클레임 예방 • 클레임 해결		
건설–프로세스 그룹 수(13)		5	5	3	

PMI에서 프로젝트 관리 업무를 10가지의 지식 영역, 5가지의 프로세스 그룹, 47개의 프로세스로 구분한 것은 중요한 의미가 있다(건설 분야는 총 14가지의 지식 영역, 60개의 프로세스로 구성되어 있다). **프로젝트 관리 업무 전체를 업무 간의 상호관계를 포함하여 체계화했다는 점이 바로 그것이다.**

보통 '체계화'라고 하면 그 대상의 내용을 구분하고 정의하고 연결짓는다는 것만으로 그 의미를 한정하는 경우가 많다. 그러나 여기에는 그 이상의 의미가 있다. 체계화 대상에 대해 전체 범위를 명확히 하고 그 내용을 정리함으로써 보다 정확한 의사소통이 가능해진다는 점이 바로 그것이다. 체계화 이전에는 각자의 경험과 지식, 그리고 해석하는 바에 따라 서로 다른 의미로 소통하던 것이 체계화 이후에는 공통의 용어를 가지고 소통할 수 있게 됨에 따라 업무 진행에 큰 도움을 줄 뿐만 아니라 문제의 발견과 개선이 훨씬 더 효율화될 수 있는데, 이것이 더 중요한 것인지도 모른다.

어떤 대상이 체계화되느냐 아니냐에 따라 발전 속도에는 엄청난 차이가 생기게 된다. 서구 문명이 그토록 짧은 시간 동안에 여타 문명을 압도하게 된 것도 여기에 원인이 있다고 본다. 19세기 말의 독일 사회학자인 막스 베버는 다음과 같은 말을 했다.

> 오직 서구에만 우리가 오늘날 타당한 것으로 인정하고 있는 발전단계에 있는 과학이 존재한다. 경험적 지식, 우주와 삶의 문제에 대한 반성, 가장 심오한 종류의 철학적이고 신학적인 지혜 등은 서구에만 국한되지는 않는다 …… 그러나 훈련되고 전문화된 인원을 갖추고 이루어지는 합리적이고 위계적이며 전문화된 과학의 추구는, 우리 문화에서 현재 차지하고 있는 지배적 위치에 접근하는 의미로는, 단지 서구에만 존재했다.
>
> **_〈프로테스탄티즘의 윤리와 자본주의 정신〉, 막스 베버 著, 박성수 譯, 문예출판사, 2014**

위 책은 지금으로부터 100년도 더 이전에 쓰여진 것이어서 현재의 상황과 정확히 일치하지 않을 수 있으나 세계에서 서구 문명이 앞서 나가게 된 근본 원인이 무엇인지는 정확하게 지적하고 있다. 그는 체계화, 전문화에 의한 추진방식에 대해 특별한 의미를 두고서 이것이 당시 서구에만 존재했다고 이야기하고 있다. 그것이 학문이나 기술 등 각 분야의 발전속도에 엄청난 영향을 미쳤다는 것은 부인할 수 없는 사실이다.

PMBOK Guide 제정 목적

PMBOK에서는 Guide의 제정 목적을 다음 2가지로 제시하고 있다.

① 그 가치와 효용성이 널리 인정되어 대부분의 프로젝트에 적용 가능한 지식체계를 정의하고 설명하는 것
② 프로젝트 관리 전문가 사이에서 프로젝트 관리에 대해 서로 소통할 수 있는 공통의 용어를 제공하는 것

원문에는 이렇게 되어 있다.

> The primary purpose of this document is to identify and describe that subset of the PMBOK which is generally accepted. Generally accepted means that the knowledge and practices described are applicable to most projects most of time, and that there is widespread consensus about their value and usefulness …… This document is also intended to provide a common lexicon within the profession for talking about project management.
>
> _〈The Project Management Framework〉, PMI

위 ①번의 목적은 쉽게 이해가 간다. 체계화할 대상의 내용에 대해 설명한다는 것이어서 이렇게 당연한 말을 할 필요가 있을까 하는 생각이

들 정도이다.

②번의 목적은 약간 아리송하다. 용어가 같으면 뜻도 같다고 생각하는 것이 일반적일 텐데 '공통의 용어'라는 것이 구태여 필요한 것인가 라고 생각할 수도 있다, 그러나 우리가 전문적으로 사용하는 용어가 아닌 일상적인 용어도 그 쓰임새에 있어서는 여러 가지 의미로 사용되는 경우가 많다. 또한 동일한 개인에 있어서도 시간의 흐름에 따라 동일한 말을 다른 의미로 사용하기도 한다. 예를 들어 '덥다'라는 말이 서로 신체 조건이 다른 사람들 사이에서는 다른 의미로 사용되기도 하고, 동일한 개인에 있어서도 같은 환경에 대해 컨디션의 변화에 따라 덥다고 느끼는 정도가 달라지기도 한다.

전문적인 용어에서도 마찬가지다. 예를 들면 같은 공정표라도 상세화 정도에 따라 서로 다른 명칭을 사용하는 경우가 있다. 프로젝트의 중요한 작업들에 대해 표현한 것은 '개략 공정표', 실제 작업 진행에 참조하는 것은 '상세 공정표'라고 부른다. 그런데 발주자 입장에서는 상세 공정표라고 정의한 것이 계약자 입장에서는 개략 공정표에 해당하고, 계약자에게 상세 공정표라고 일컬어지는 것이 하도급 계약자에게는 개략 공정표에 해당하기도 한다. 또한 하나의 기업 내에서도 개략 공정표와 상세 공정표에 대한 기준이 개인에 따라 다르게 사용되기도 한다.

가장 위대한 언어학자로 꼽히는 F. 소쉬르는 언어란 절대적인 것이 아니라 자의적이라는 통찰을 우리에게 제시한다.

> 기표(記標)를 기의(記意)에 결합시키는 관계는 자의적이다. 또는 좀 더 간략히 언어 기호는 자의적이라고 말할 수 있는 바 …… 그 증거로 언어들 사이의 차이점과 서로 다른 언어들의 존재 그 자체를 들 수 있다 …… (이와 대비해서) 상징은 결코 완전히 자의적이지는 않다는 점을 그 특성으로

한다. 즉, 상징은 비어 있지 않은 바, 기표와 기의 간에 얼마간의 자의적 결합이 있다. _대우학술총서31 〈일반언어학 강의〉, 페르디낭 드 소쉬르 著, 최승언 譯, 민음사, 1997

언어가 자의적이라면 그 언어를 바탕으로 해서 만들어지는 각종 용어는 더욱 자의적이지 않겠는가. 그러한 용어 의미의 불확실성을 줄여 나가기 위해 지속적인 토론과 합의가 필요한데, 토론과 합의를 위한 중요한 밑바탕이 '대상의 체계화'인 것이다. 공통의 용어를 사용한다는 것은 생각보다 훨씬 더 중요한 의미가 있다. 공통의 용어를 가진 집단과 그렇지 않은 집단 사이에는 엄청난 차이가 존재한다. 그리고 그 차이는 시간이 지날수록 더욱 심화된다. 앞에서 인용한 막스 베버의 말은 바로 이와 같은 체계화의 중요성을 의미하는 것이다.

지식 영역간 연계

조직(Organization)**이 유기체**(Organism)**로 움직여지기 위해서는 조직의 각 부분이 상호 연관 관계를 가진 상태에서 최적화되어야 한다.** 각 부분이 따로따로 최적화를 추구하면 조직 전체의 관점에서 보았을 때 각 부분 간에 능력의 우열이 발생하고 조직 전체의 효율은 가장 열위인 부분의 효율에 수렴한다는 주장, 이른 바 '부분 최적화' 문제가 발생한다.

이를 해결하기 위해서는 '전체 최적화'를 추구해야 하는데, 이를 위해서는 조직의 '유기체화'가 필수적이다. 아울러 각 부분 사이에 필요 정보가 공통의 기준에 의해 서로 연결되었을 때보다 높은 수준의 의사결정을 내릴 수 있고, 정보 생산 비용도 획기적으로 줄어들 수 있다는 점도 무시할 수 없다. 이를 PMBOK의 일정관리 영역을 사례로 하여 살펴보기로 하자.

아래 그림은 한국엔지니어링협회의 <사업관리 전문가 양성과정>의 자료를 간략화하여 표시한 것이다. 그림을 보면 일정관리와 각 프로세스가 통합, 범위, 인적자원, 리스크, 조달 등 서로 관련이 있는 업무 간 연계를 통해 보다 정확하고 효율적인 의사결정과 소통이 가능하게 되어 있다.

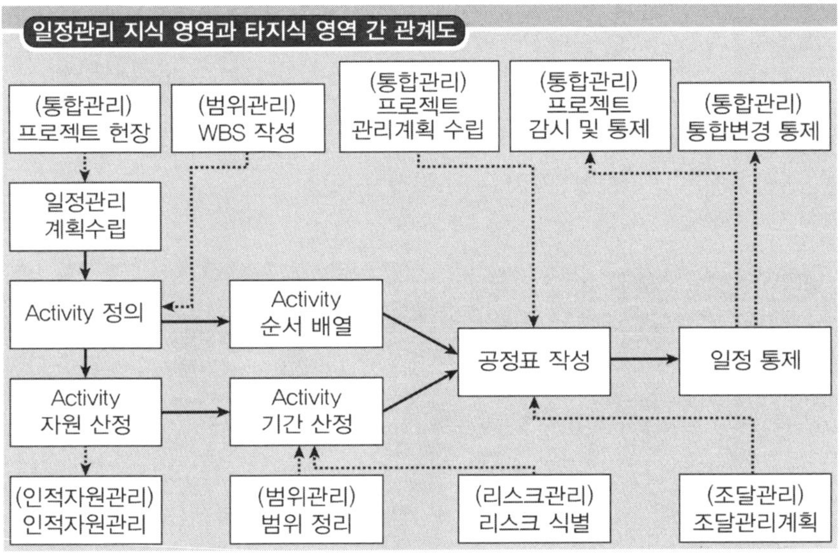

<사업관리 전문가 양성과정>, 한국엔지니어링협회, 2014

註: 실선 화살표는 일정관리 영역 내의 업무 흐름을 나타내며, 점선 화살표는 일정관리와 타 업무 영역 간의 관계를 나타냄.

프로젝트 관리 프로세스 그룹

범위, 일정, 원가관리 등 각 지식 영역은 모두 5가지의 프로세스 그룹으로 이루어진다. 각 프로세스 그룹의 의미는 다음과 같다.

- Initiating(착수) Processes: 프로젝트 전체 또는 특정 단계를 승인하거나 개시(開始)를 공식화하는 단계
- Planning(계획) Processes: 일정, 비용, 품질 등의 달성 목표와 관리 계획을 수립하고 성과 측정의 기준선(Baseline)을 수립하는 단계
- Executing(실행) Processes: 자원을 확보하여 투입하고 진도를 측정, 관리하며 품질보증 절차를 구현하는 단계

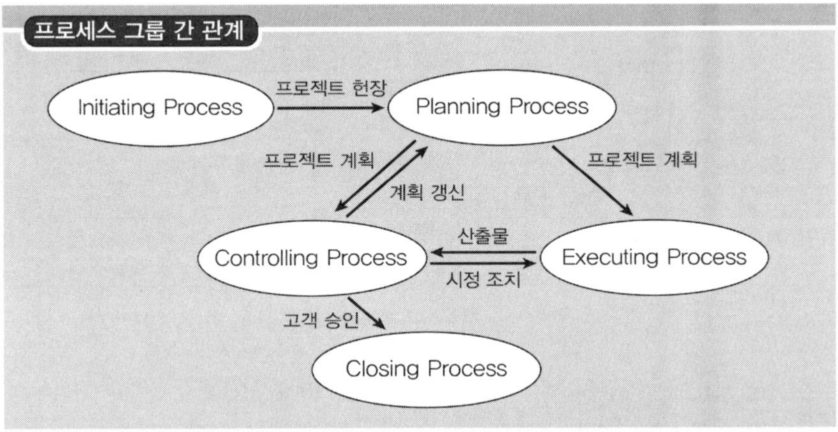

<사업관리 전문가 양성과정>, 한국엔지니어링협회, 2014

- Controlling(통제) Processes: 성과를 분석하고 변경사항을 관리하며 시정조치를 취하는 행위
- Closing(종료) Processes: 성과물을 인도하고 수행 기록과 경험을 문서화하는 단계

모든 지식 영역이 5개의 프로세스 그룹 전체에 내용이 들어가 있지는 않다. 예를 들어 착수 프로세스 그룹은 통합관리와 이해관계자 관리의 2개 지식 영역만 관련이 있으며, 종료 프로세스 그룹은 통합관리와 조달관리 지식 영역만 해당된다.

실행 프로세스 그룹은 품질관리, 인적자원관리, 의사소통관리, 조달관리, 이해관계자 관리 등 5개 지식 영역이 해당되고, 계획 프로세스 그룹과 통제 프로세스 그룹은 10개 지식 영역 모두가 해당된다.

프로젝트 관리 프로세스

각 프로세스는 Input, Tools & Techniques, Output으로 정의된다. 앞서 설명했던 일정관리 프로세스 중 Activity 기간산정 프로세스는 다음과 같이 구성되어 있다.

Inputs

1. Schedule Management Plan(일정관리계획서)
2. Activity List(활동 목록)
3. Activity Attributes(활동 속성)
4. Activity Resource Requirements(활동별 자원 소요)
5. Resource Calendars(자원 역일표)
6. Project Scope Statement(범위 기술서)
7. Risk Register(리스크 등록부)
8. Resource Breakdown Structure(자원 분할 구조)
9. Enterprise Environments(기업의 환경 요인)
10. Organization Process Assets(조직의 프로세스 자산)

Tools & Techniques

1. Expert Judgment(전문가 판단)
2. Analogous Estimating(유추 산정)
3. Parametric Estimating(매개변수 기반 산정)
4. Three-point Estimates(3점 추정)
5. Group Decision-making Techniques(집단 의사결정 기법)
6. Reserve Analysis(예비 기간 분석)

Outputs

1. Activity Duration Estimates(활동별 기간산정)
2. Project Document Updates(프로젝트 문서 갱신)

<사업관리 전문가 양성과정>, 한국엔지니어링협회, 2014)

각 프로세스를 수행하기 위해 필요한 자료들은 Inputs에 나열되어 있으며, 여기에는 해당 지식 영역의 선행 프로세스에서 만들어진 자료와 타 지식 영역에서 만들어진 필요 자료, 그리고 모든 프로세스에 공통적으로 적용되는 자료로 구성되어 있다. 위의 예를 기준으로 하면 다음과 같다.

- **선행 프로세스에서 만들어진 자료:** 일정관리 계획서, 활동 목록, 활동 속성, 활동별 자원 소요
- **타 지식 영역에서 만들어진 필요 자료:** (범위관리)범위기술서, (리스크관리)리스크 등록부, (인적자원관리, 조달관리)자원 역일표
- **프로세스 공통적용 자료:** 기업의 환경요인, 조직의 프로세스 자산

Tools & Techniques는 해당 프로세스를 수행하는 데 필요한 도구와 기법을 의미한다. 위의 예에서는 전문가 판단, 유추 산정, 매개변수 기반 산정, 3점 추정, 예비 기간 분석 등과 같은 도구·기법이 있고, 집단 의사 결정 기법에는 브레인 스토밍(Brain Storming)이나 델파이(Delphi) 기법, 명목 집단 기법 등과 같은 팀 기반의 기법이 있다.

Outputs는 해당 프로세스 수행의 결과물로써 해당 지식 영역의 후속 프로세스에 사용되거나 타 지식 영역에 제공한다.

- Activity 기간 산정은 후속 프로세스인 공정표 작성에 사용
- 프로젝트 문서 갱신은 해당 프로세스를 수행하기 위한 가정(假定)이나 예비기간 등의 속성을 수정 또는 문서화하는 것을 의미

PMBOK에는 이 외에도 프로젝트/프로그램의 정의, 프로젝트 조직의 형태, 프로젝트 라이프사이클 등에 대한 내용이 포함되어 있으나 이는 본 주제와 큰 관련이 없어 설명을 생략한다.

3 프로젝트 관리기법의 국내 도입 시기와 활용도

현재 우리나라에 적용되고 있는 제도와 관리기법의 대부분은 우리 스스로 만든 것이 아니라 선진국에서 만들어진 것을 도입한 것이다. 헌법부터 시작해서 계약제도, 교육제도 등 주요 제도뿐만 아니라 교통신호 체계 운영, 생산관리 기법, 경영 기법 등에 이르기까지 그러하다. 프로젝트를 관리하기 위한 기법이나 방법론도 마찬가지다.

다른 나라에서 만들어진 것을 들여오는 것이 잘못된 일은 아니다. 오히려 그와 같은 일에 발 벗고 나서지 못한 것이 우리에겐 뼈아픈 역사를 남겨 주었다. 외국의 문물이라 할지라도 우리의 생활에 유용하고 도움이 되는 것이라면 적극적으로 받아 들여 사용하는 것이 합리적이고, 나아가 더욱 발전시켜 나간다면 더할 나위가 없을 것이다.

문제는 그렇게 해서 들여 온 것을 잘 활용하지 못하는 데에 있다. 제대로 활용하지 못한다면 새로운 기법을 배우고 익히는 데 투입된 비용과 시간도 아깝지만, 활용하지 못하면서 버리지도 못하는 상황이 계속되면 조직 내에 새로운 문물에 대한 부정적인 인식이 퍼지게 되는 것이 더 큰 문제다. 이 책에서는 여러 가지 프로젝트 관리 기법과 방법론 중 PERT/CPM, EVM, PMBOK, 그리고 PRINCE2 등 우리나라에 많이 알려진 것들을 대상으로 하여 그 개념과 활용 실태를 살펴보도록 하겠다.

국내 도입 시기 및 활용도

무엇을 도입 시기의 기준으로 할 것인지는 약간 애매모호한 면이 있다.

국내에 처음 소개된 시점으로 해야 할지, 아니면 시범적으로 실무에 적용된 시점인지, 혹은 본격적으로 적용되기 시작한 시점으로 해야 할지 등에 대해 검토해 볼 수 있는데, 이 모두가 특별한 의미가 있기는 하다.

도입 시기를 무엇으로 할 것인지도 애매하지만 각각의 시기가 어느 때인지도 사실 명확하게 파악하기가 어렵다. 여기에서 소개하려는 기법들이 모두 국내에 본격적으로 적용된 사실이 없으므로 시범적으로 실무에 적용된 시기로 추정되는 시점을 국내 도입 시기로 삼도록 하겠으나, 사실 시범적으로 적용된 시기도 애매하기는 마찬가지다. 해당 기법을 처음으로 적용해 본 시기를 기준으로 할 수도 있지만, 여기에서 설명하려는 '기법'이라는 것이 단지 그 기법을 적용하는 것만으로는 충분하지 않으며, 앞서 PMBOK에 대해 설명한 바와 같이 전체 조직의 유기적인 활용에 의해서만 효과가 나타날 수 있는 것이기 때문에 그에 대한 기준이 마련된 시점이 더 타당할 수도 있다. 여기에서는 그러한 기준 마련 여부와 관계없이 프로젝트 팀 내에 혹은 전사 조직에서 해당 기법의 적용을 전담하는 조직이나 담당자가 지정되어 수행한 시점으로 추정되는 시기로 하겠다. 그 시기는 대략 아래 그림과 같다.

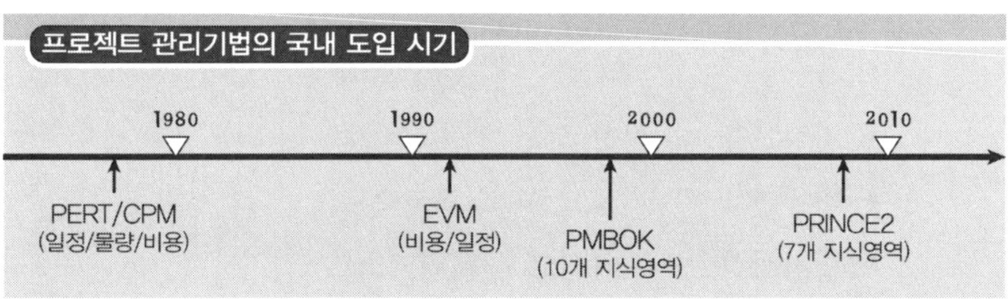

위의 4가지 기법 중 앞에서 설명한 PMBOK 외의 3가지 기법에 대해 먼저 간단한 설명이 필요할 듯하다.

- PERT/CPM(Program Evaluation and Review Technique/Critical Path Method): 프로젝트의 각 공정을 상호 선후관계를 고려한 네트워크로 연결하고 공정별로 일정과 자원을 할당함으로써 프로젝트의 전체 일정과 여유 일정, 기간별 자원 소요 등을 산출하여 주공정선(Critical Path, 주의해야 할 경로)을 관리할 수 있는 기법이다. 일정관리 도구로 사용되는 소프트웨어의 도움을 받아 자원평준화(Resource Smoothing)나 리스크 분석, 각종 시뮬레이션 등이 가능하다.
  적용 효과로는 시간과 비용을 단축할 수 있는 분석이 가능하며, 프로젝트 진행 중 일정의 변화와 변경에 대한 대처가 쉽고 문제점의 사전 파악이 가능한 점 등을 들 수 있다.
  PERT는 공정별 소요 기간이 불명확할 때 각 공정의 기간을 낙관적인 추정시간, 유망한 추정시간, 비관적인 추정시간의 3가지를 기반으로(3점 추정이라 함) 일정을 계산하는 방법이고, CPM은 공정별로 확정된 하나의 기간을 기반으로 일정을 계산하는 기법이다.
- EVM(Earned Value Method): 프로젝트 진행 중 관리 단위별로 기성고, 계획 코스트, 실적 코스트를 측정하고, 이를 토대로 일정/비용 편차와 일정/비용 성취도, 그리고 예상 완료시점과 코스트 등을 산출하여 진행 상태를 평가하는 기법이다.

  ▶ 일정편차 = 기성고 − 계획코스트
  ▶ 비용편차 = 기성고 − 실적코스트
  ▶ 일정성취도 = 기성고 / 계획코스트
  ▶ 비용성취도 = 기성고 / 실적코스트

  EVM은 프로젝트 진행 중 일정 및 비용에 관해 가장 정확한 평가가 가능하나 실적 코스트 데이터 수집이 어렵고, 관리단위를 상세화

할수록 필요한 데이터 량이 엄청나게 증가하는 문제가 있다. 또한 코스트 관점에서만 진행 상태를 평가하기 때문에 작업 진행 상의 문제점은 파악하기 어렵다.

- PRINCE2(Project IN Controlled Environments version 2): PRINCE는 1989년 영국의 CCTA(Central Computer and Telecommunications Agency)에서 정부의 IT 프로젝트 관리용으로 개발하여 사용했는데, 이는 곧 IT 프로젝트뿐만 아니라 정부의 다른 프로젝트와 민간 부문에서도 사용되기 시작했고, 이를 1996년 일반적인 프로젝트 관리 방법론(Generic Project Management Method)으로 발전시켜 PRINCE2라는 이름으로 배포하였다. 유럽 지역에서 많이 사용되며 프로젝트 적용의 유연성이 뛰어나다. PMBOK과 더불어 세계 2대 프로젝트 관리 방법론 중의 하나이다.

몇 가지의 프로젝트 관리기법 및 방법론에 대해 알아보았는데, 앞의 그림에 따르면 PERT/CPM 기법은 도입된 지 30여 년, EVM은 20여 년, PMBOK은 15년여, 가장 최근에 소개된 PRINCE2는 7~8년 정도 되었다.(PRINCE2는 국내에 소개된 시점 기준)

CPM 기법은 E&C 산업 분야에서 1990년대에 모 건설회사가 본사에 대규모 조직을 설치하고 10여 년 운영한 적이 있으나 그 후 조직이 해체되었고, 최근 해외 프로젝트 급증에 따라 다시 관련 인력을 보강하고 있는 추세다.

EVM 기법은 1990년대 후반에 모 건설회사가 본사 조직이 역할을 담당하여 1년여 기간 동안 관련 데이터를 수집하여 프로젝트 진행상태 분석에 활용한 적이 있으나 역시 그 후 폐지되었다.

PMBOK은 일부 전문가들이 개인적인 차원에서 프로젝트에 적용하려는 노력을 했었지만 시범 적용이라 하기에는 미흡한 수준이다. 그럴 수밖에 없다. CPM이나 EVM 기법은 관련 데이터 수집만으로도 결과물을 만들어 낼 수 있지만, PMBOK은 프로젝트 조직 전체가 움직여야 하기 때문에 특정 개인의 노력만으로는 산출물을 만들어 낼 수 없다. 물론 CPM과 EVM도 데이터를 수집하여 결과물을 만들어 냈다는 것만으로는 제대로 활용한 것으로 볼 수 없다. 프로젝트 결과를 분석하는 것뿐만 아니라 수행하는 데에 실제 참고자료로 활용되고 프로젝트의 상황을 통제하는 용도로 사용되었을 때 제대로 활용한 것이라고 할 수 있기 때문이다.

프로젝트 관리에 제한적으로 사용되고 있는 CPM 기법을 제외한 나머지 3개 기법의 국내 활용률은 '제로(0)'다. 앞에서 얘기한 바와 같이 PMBOK이나 PRINCE2에 비해 PERT/CPM과 EVM은 적용하기가 비교적 쉽다. 이 기법을 적용하기 위해 여러 기업에서 강도 높게 추진하기도 했는데, 왜 이런 참담한 결과가 나왔을까? PMBOK이나 PRINCE2와 같은 방법론은 무슨 이유 때문에 시범 적용조차도 하지 못했을까?

4 프로젝트 관리 방법론이 활용되지 않는 이유

E&C 프로젝트는 매우 복잡하다. 특히 해외의 일부 턴키 프로젝트는 단일 프로젝트가 수조 원에 달할 정도로 방대하다(이 정도 규모라면 PMBOK에서는 Project가 아니라 Program이라고 부른다. Program인지의 여부는 규모가 아니라 프로젝트의 내용으로 판단하는 것이지만, 이 정도 규모라면 프로젝트의 내용으로 보아도 Program에 해당한다). 턴키 프로젝트가 아니라 하더라도 E&C 프로젝트는 충분히 복잡하다. 프로젝트 참여자가 많다는 점에서도 그렇고, 일회성으로 공급되는 것이기 때문에 반복에 의한 오류 제거 효과도 기대하기 어려우며, 수시로 변하는 환경 역시 복잡성을 더한다.

이와 같이 복잡한 프로젝트에 대해 계획 수립이나 의사소통을 돕기 위한 원칙과 프로세스를 정리해 놓은 것이 프로젝트 관리 방법론이다. 이것은 각각의 업무를 효율적으로 수행할 수 있는 개념과 프로세스로 이루어져 있고, 각 업무를 연계할 수 있도록 구성되어 있기 때문에 프로젝트 수행을 위한 '체계적 대응방법'을 뒷받침하는 기본 사상이라 할 수 있다. 이렇게 프로젝트 수행 효율을 높여 줄 수 있는 관리 방법론이 우리나라에 소개된 지 20여 년이 지났는데도 뿌리조차 내리지 못한 이유는 무엇인가?

나는 우리가 이러한 기법과 방법론을 제대로 활용하지 못하는 원인이 다음 세 가지에 있다고 본다. ① **콘텐츠 생산능력의 부족**, ② **기존 축적 데이터 형식의 부적합**, 그리고 ③ **우리의 전통적인 업무 수행 방법 혹은 문화**(=갑을문화)**와의 이질성**(異質性).

콘텐츠 생산능력의 부족

프로젝트 관리 기법이나 방법론을 배워서 잘 숙지하는 것만으로는 이를 실무에 제대로 적용할 수 없다. 그 기법이나 방법론에 적합한 데이터 관리체계를 만들고 이에 맞추어 데이터를 생산해야 전체가 유기적으로 운영될 수 있는데, 이는 방법론을 배운 것만으로는 이행할 수 없기 때문이다.

콘텐츠 작성에 대해 이야기하기 전에 데이터의 성격에 따라 구분되는 Master Data와 Transaction Data의 개념에 대해서 먼저 이해할 필요가 있다. Master Data를 잘못 작성하면 전체 프로젝트에 큰 혼란을 가져오게 되는데, 우리가 특히 취약한 것이 바로 Master Data 작성 능력이기 때문이다.

Master Data는 실행 데이터(Transaction Data) 생산의 기준이 되는 데이터를 의미한다. 이는 특정 조직 내에서 합의된 공통의 기준이며, 변하지 않는 것이 원칙이다. 이와 비교해 Transaction Data는 어떤 사건이 일어났을 때 만들어지는 데이터로써 새롭게 발생하는 데이터와 Master Data를 이용하여 만들어진다.

E&C 프로젝트에서는 WBS(작업분할체계, Work Breakdown Structure)와 OBS(목적물분할체계, Object Breakdown Structure), 그리고 FBS(기능분류체계, Functional Breakdown Structure)가 가장 대표적인 Master Data이다. 또한 이를 토대로 공정 Activity 목록이 만들어지는데, 이것 역시 중요한 Master Data이다.

WBS는 발주자에 대한 제출물(Deliverables)의 관점에서 프로젝트에 필요한 내용을 분할하여 작성하는 것이며, 프로젝트에서 생산되는 모든 데이터는 여기에 기반을 두고 만들어진다. 각 요소들의 관계를 그림으로 표현하면 아래와 같다.

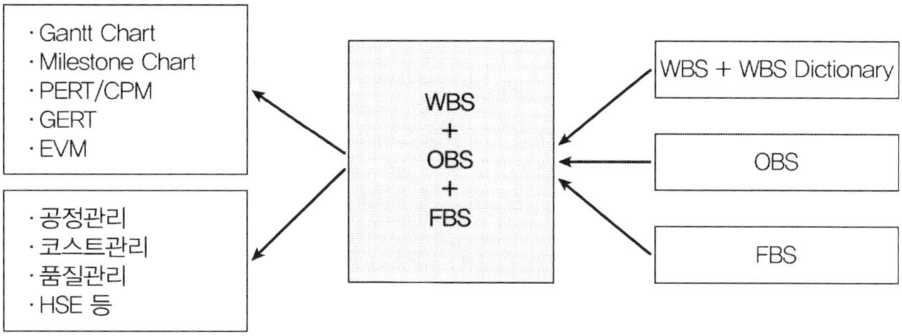

위 그림에서 보면 WBS와 OBS, FBS를 기반으로 해서 여러 가지 도표가 만들어지고, 이에 의해 각종 업무도 이루어진다. 이와 같은 관계에 있을 때 데이터 생산의 기반이 되는 WBS, OBS, FBS가 Master Data에 해당하고, Master Data에 의해 만들어지는 여러 가지 도표와 보고서 등이 Transaction Data에 해당한다.

프로젝트 진행 중에 Master Data가 수정된다면 어떤 일이 일어날까? 물론 Master Data도 수정될 수 있다. 예를 들어 프로젝트가 진전됨에 따라 후속 단계의 WBS가 추가된다거나 더욱 상세화하는 등의 변경은 일어날 수 있다. 그런데 만약 기존에 만들어졌던 WBS의 내용이 변경된다면 어떻게 될까? 이것은 큰 문제를 야기하게 된다. 위 그림에서 보다시피 Master Data를 기반으로 만들어졌던 모든 Transaction Data를 새로운 WBS 기준에 따라 변경해야 하는데, 상황에 따라 차이가 있기는 하지만 이것은 프로젝트 전체에 너무나 큰 영향을 미친다. 이런 이유 때문에 Master Data는 한 번 만들어지면 변경하지 않는 것이 매우 중요한 원칙이다. WBS와 같은 Master Data를 만들 수 있다는 것은 해당 프로젝트에서 발생하는 전체 일을 알고 있다는 것을 의미하며, 이는 대단히 가치가 큰 능력이다.

프로젝트 관리 방법론에 관한 지식뿐만 아니라 프로젝트 전체 데이터의 연계관계를 정의하는 Master Data를 작성할 수 있는 능력이 있어야 프로젝트 관리 방법론이 제대로 효과를 나타낼 수 있다. 그러나 우리에게는 이와 같은 Master Data를 작성하는 능력이 취약하기 때문에 방법론을 적용하려 해도 뜻대로 운영되지 않는 것이다. 이 외에도 프로젝트 관리에 도움이 되는 여러 가지 기법들, 예를 들면 공정 Activity 기간 산정 기법이나 집단 의사결정 기법, 재무적 의사결정 기법, 품질관리 기법 등에 대한 지식과 경험 부족으로 인해 콘텐츠 작성 능력이 취약한 면도 있다.

앞서 '3. 프로젝트 관리기법의 국내 도입 시기 및 활용도'에서 설명한 바와 같이 CPM 공정관리 기법은 프로젝트의 진행현황을 파악하고 통제하는 데에 매우 효과적인 도구이다. 또한 모든 업무가 일정을 기반으로 해서 움직이기 때문에 여러 업무 중에서 중요도가 높은 업무이기도 하다. 그런데 CPM 공정표를 사용하려 해도 Master Data를 만드는 능력의 부재로 인해 지금까지도 제 기능을 충분히 활용하지 못하고 있는 것이다. Master Data를 제대로 만들어 놓지 않았기 때문에 프로젝트 진행 중에 변경이 빈번하고, 이러한 변경을 서너 번만 반복하고 나면 전체 데이터가 엉망이 되고 시스템이 마비되는 것이다.

기존 축적 데이터 형식의 부적합

프로젝트 관리 방법론의 활용을 뒷받침하는 여러 가지 기법들을 사용하려면 소프트웨어 도구의 도움을 받아야 하는 경우가 많다. 이를 위해서는 소프트웨어 구동에 필요한 데이터를 공급해 주어야 하는데, 때로는 데이터의 형식이 맞지 않아 도구를 사용하고 싶어도 사용하지 못하는 경우가 생긴다.

이에 관해서 CPM공정관리 중 자원 평준화 기법(Resource Smoothing)을 사례로 하여 살펴보자. 프로젝트에 소요되는 자원의 소요량은 기간 별로 들쭉날쭉하게 차이가 날 수밖에 없는데, 그 편차가 심하거나 공급 가능한 능력을 초과할 경우 자원 조달 비용이 크게 늘어날 수가 있으므로 소요량의 편차를 최소화하는 것이 유리하다. 이 때 활용되는 것이 자원 평준화 기법인데, 자원 공급의 신축성이 적은 인력과 건설장비의 동원에 많이 사용된다. 특히 해외 프로젝트에서는 자원 소요량의 편차가 미치는 영향이 국내 프로젝트보다 몇 배 더 크기 때문에 더욱 신경을 써야 한다.

자원 평준화 작업을 하려면 엄청나게 많은 계산이 있어야 하기 때문에 소프트웨어의 도움을 받아야 하는데, **우리가 축적하고 있는 데이터의 형식이 소프트웨어 운영에 필요한 형식과 달라 사용하지 못한다**. 자원 평준화 작업을 위해 소프트웨어를 구동하려면 공정별로 할당된 자원 소요 데이터가 있어야 하는데, 우리는 공정별 자원 소요 데이터가 아니라 프로젝트 전체의 자원 소요 데이터 밖에 없기 때문에 소프트웨어를 활용하려 해도 그에 필요한 데이터를 제공할 수가 없다. 프로젝트 관리 방법도 그렇지만 데이터가 작성되고 축적되는 형식도 업계의 오랜 경험을 통해 형성되는 것이어서 이것을 바꾼다는 것이 그리 쉬운 일은 아니다.

제2부의 '4. 어떻게 해야 하나' 중 'E와 C 조직의 통합'에서 참조했던 말을 되풀이해 보겠다.

> 현 상태의 국가는 우리 이전에 살았던 모든 세대들의 발견, 발명, 개선, 숙달, 분발의 결과이다. _**프리드리히 리스트**

우리의 전통적인 업무 방식 혹은 문화(갑을문화)와의 이질성

제3부의 모두(冒頭)에서 프로젝트 관리 방법론을 크게 구분하면 '체계적 대응방법'과 '임기응변적 대응방법'이 있다고 했는데, 우리는 임기응변적 대응방법에 해당하는 방법론을 쓰고 있다. 이러한 우리의 전통적인 업무 방식과 체계적 업무 방식의 차이점과 그로 인한 문제점을 살펴본다. 그 다음에는 제2부에서도 이야기한 바 있지만, 상거래 방식에 관한 사고 방식에 깔려 있는 갑을문화의 성격과 문제점을 설명하고자 한다.

여기서 살펴보고자 하는 것은 프로젝트 관리 방법론이 활용되지 않는 이유에 대해 앞에서 설명한 것들, 즉 콘텐츠 제작 능력의 부족과 기존 축적 데이터의 부적합이라는 이유보다 더 근본적인 것이다. 또한 우리가 임기응변적 대응방법을 쓰고 있는 것보다 상거래 방식에 관한 우리의 사고방식이 더 근본적인 것이다. 다시 말하면 사고방식이 바뀌지 않으면 대응 방법이 바뀌지 않고, 대응 방법이 바뀌지 않으면 콘텐츠 제작 능력이나 데이터의 축적 형식도 바뀌지 않으리라는 것을 뜻한다. 이것은 아무 것도 할 수 없다는 것을 의미하는 것이 아니라 할 수 있는 것이 매우 적으리라는 것을 의미한다.

우리의 전통적 업무 방식과의 이질성

프로젝트 관리에 대한 체계적 대응방식과 임기응변적 대응방식의 차이는 다음 세 가지 측면에서 비교될 수 있다. ① 업무 간의 연계성, ② 소통되는 용어의 의미, 그리고 ③ 선호(選好)하는 소프트웨어의 형태.

업무의 연계성이란 프로젝트 관리업무를 구성하고 있는 여러 가지의 업무 사이에 어느 정도의 소통이 이루어지고 있느냐 하는 것을 뜻하고,

소통되는 용어의 의미란 동일 집단 내에서 동일한 용어를 얘기했을 때 그것이 어느 정도의 동질성을 가지고 있느냐 하는 것을 뜻한다. 그리고 선호하는 소프트웨어의 형태란 필요한 기능을 이미 구현해 놓은 소프트웨어 패키지를 선호하는지 혹은 자신에게 필요한 기능을 만들어서 사용하는 자체 개발 소프트웨어를 선호하는지를 뜻한다.

방법론 유형의 차이

구분	업무 연계성	소통용어의 의미	선호하는 S/W
체계적 방법	업무간 연계 수행	공통의 용어	S/W Package
임기응변적 방법	업무별 단독 수행	각자의 용어	자체개발 S/W

업무의 연계성 측면에서 보면 앞의 '2. 프로젝트 관리방법론이란?'에서 설명한 바와 같이 PMBOK의 사례는 업무 간 필요 정보를 서로 연계하여 처리하도록 되어 있다. PMBOK의 내용은 상당히 복잡하다. 각 부분을 읽어 보면 쉽게 이해가 가지만, 업무 간 연계되는 부분까지 이해하려면 꽤 많은 공부와 경험이 필요하다.

그렇게 복잡한 것을 실제로 업무에 활용하느냐 하는 의문이 들지도 모르겠다. 그 답은 대부분의 선진국에서는 '그렇다'이다. 그들은 학교나 사회생활의 초기부터 짜여진 틀 안에서 역량을 키워 나가기 때문에 5년 내지 7년 정도 경력을 쌓으면 프로젝트를 이끌어 나갈 수 있는 능력을 충분히 갖추게 된다. 엔지니어링 업계의 세계적 잡지인 ENR 지(誌)의 구인광고 문구를 보면 'Wanted 5-year experienced mechanical engineer'와 같은 표현이 나온다. 그들에게는 3년짜리 경력자는 어느 정도 수준이고 5년, 7년짜리 경력자는 각각 어느 수준인지가 거의 일정하다(물론 개인적인 노하우의 차이는 있다). 이것은 그들이 일정한 틀에 의해 역량을 키워 나가기 때문에 가능한 일이다. 그들의 프로젝트 관리 가이드에 나오는 여러 가지 기법이나 방법론이 실제로 사용되는지의 여부에 대해서는 의심할 필요가 없다.

우리의 업무 수행 형태는 제2부의 '3D/BIM 기술이 활용되지 않는 이유' 중 설계 결과의 문제점에서 설명한 바와 같이 같은 프로젝트 팀 내에서도 업무 간 연계가 잘 이루어지지 않는다. 당장 눈에 띄는 일조차 그렇다면 눈에 잘 드러나지 않는 관리 업무는 어느 정도인지 쉽게 짐작이 갈 것이다.

소통되는 용어에 대해서는 앞서 PMBOK에서 설명한 바와 같이 PMBOK 목적 두 가지 중 하나가 '공통의 용어를 제공하는 것'이라고 명시할 만큼 용어의 의미를 여러 사람이 동일하게 이해하는 것을 중시한다(참고로, PMBOK의 다른 하나의 목적은 '프로젝트에 적용 가능한 지식체계를 정의하고 설명하는 것'이다). 용어의 의미를 집단 내에서 공통적으로 유지한다는 것은 쉽지 않은 일이다. 문학 작품에서는 상당히 넓은 비유와 상징을 통해 깊고 풍부한 의미를 전달하지만 현실 세계에서 그렇게 하다가는 모든 것이 뒤죽박죽이 되어 버릴 것이다.

체계적 대응방식에 비해 우리는 용어의 혼선이 너무 많다. 서로 소통하는 내용이 적은데도 불구하고 의미전달이 잘못되었다고 주장하는 상황이 종종 발생한다. 이와 관련하여 소설 '붓다의 십자가'에 나오는 얘기는 음미해 볼 만하다.

> 언어가 실재를 구성한다. 뿐더러 세상에 없는 것마저도 언어에 담아내면 존재하는 것처럼 되고 만다. 그래서 언어는 우리를 곧잘 속인다. 그 뿐인가. 똑 같은 언어를 써도 세계관이 다르면 개념이 다르고 개념이 다르면 서로 대화가 되지 않는 법이다. 인간은 언어라는 '의미의 장'에 갇힌 존재이기 때문이다. _〈붓다의 십자가〉, 김종록, 김영사, 2014

똑같은 용어를 사용한다 하더라도 그 개념이 다르면 대화가 되지 않는다. 따라서 일정한 집단이 유기적으로 움직이려면 용어의 동질성이 유지되어야 한다.

선호하는 소프트웨어의 형태를 보아도 앞에서 이야기한 것들을 그대로 확인할 수 있다. 소프트웨어 패키지를 사용하려면 패키지에서 제공하는 기능을 그대로 사용해야 한다. 패키지의 기능을 마음대로 수정할 수 없기 때문이다. 그런데 패키지에서 제공하는 기능은 업무 간 필요 정보가 연계되어야 하고, 관리해야 할 내용도 많다. 소통해야 할 것이 많기 때문이다.

패키지를 사용하려면 다음 세 가지를 준수해야 한다. ① 글로벌 스탠더드를 따를 것, ② 필요 정보는 연계할 것, ③ 많은 소통을 할 것(말로써 소통하는 것이 아니라 문서로 소통하는 것을 뜻함). 우리에게는 위 세 가지 모두가 이행하기 어렵다. 그래서 어쩔 수 없이 패키지를 도입해야 할 때에도 우리의 요구에 맞도록 커스터마이징(Customizing)이 가능한지가 중요한 평가 요소로 들어가 있다, 2000년대 초반 ERP(Enterprise Resource Planning) 패키지가 국내에 도입되던 초기에 저명한 컨설팅 사의 고위 컨설턴트가 ERP 도입 성공조건의 하나로 '커스터마이징 5% 이내면 성공'이라는 헛소리를 한 적이 있다. 그 주장은 아주 잘못된 것이다. 패키지는 주어진 기능을 그대로 쓰는 것이다. 패키지를 수정하려면 글로벌하게 인정받을 수 있어야 한다. 그것은 커스터마이징이 아니라 유지보수(Maintenance)에 해당하는 것이다.

우리는 상호 소통하는 내용이 적기도 하지만 사용하는 용어의 의미가 다르다는 제약 때문에 패키지를 사용하기가 어렵다. 이런 현상은 자연스럽게 각자의 요구에 따라 만들어지는 자체 개발 소프트웨어(In-house Software)를 선호하게 만든다. 그러한 자체 개발 소프트웨어에 대해 우리는

'유연성을 갖춘, 우리 필요에 맞는' 것이라고 자랑해 왔는데, 그것이 얼마나 잘못된 것인지를 모르고 있었던 것이다.

이러한 이유로 인해 우리나라는 경제 규모에 비해 상용(商用) 소프트웨어 시장의 규모가 매우 작다. 김 제임스 한국마이크로소프트 사장은 우리보다 인구가 적은 호주보다 우리의 소프트웨어 시장이 작다는 현상에 대해 부끄럽다는 말을 한 적이 있다.(중앙일보 2014.9.18) 참고로 우리나라의 인구는 4880만 명(세계 25위)이고 호주는 2200만 명(53위)이다. 김 제임스 사장은 지적재산권에 대한 정당한 인식의 필요성에 대해 이야기한 것이지만, 여기에서 설명하는 소프트웨어의 선호도 차이를 설명하는 데에도 똑같이 이야기할 수 있다.

우리 문화(갑을문화)와의 이질성

제3부의 '3. 문제점이 드러나지 않은 이유와 갑을문화'에서 설명했던 내용은 여기에서 설명하는 내용과도 관련이 있다. **갑을문화가 가지는 근본적인 함정은 오류가 밖으로 드러나지 않도록 함으로써 일을 합리적으로 개선해 나가야 할 필요성을 아예 느끼지 못하게 한다는 점이다.** 문화이기 때문에 어쩔 수 없다고 하기에는 너무나 많은 문제를 가지고 있는 것이 바로 이 갑을문화이다.

요즘 관(官)피아, 해(海)피아, 군(軍)피아 등 정부 조직과 관련 기관과의 유착 관계에 대한 이슈가 여기저기에서 떠오르고 있다. 이에 대해 유착에 의한 부패 문제를 주로 지적하고 있는데, 그보다 더 중요한 문제는 업무의 합리적인 진행을 방해하는 것을 넘어 오히려 퇴보하게 만든다는 점이다. 군의 무기 도입 사업을 추진하는 방위사업청에 대해 유의할 만한 주장이 나왔다.

2006년 방사청 창설 이전에는 무기 도입 사업을 추진하는 과정에서 청와대나 군 고위층의 권력형 비리가 많이 발생했다. 그러나 방사청 창설 8년차에 접어들면서 실무 담당자들의 실무형 비리가 종종 발생하고 있다 …… 실무형 비리는 방산업체를 상대로 한 유착관계가 권력형 비리보다 더 끈끈하고 강력해서 문제다.

_조선일보, '실무자들까지 오염된 무기사업 비리', 유용원, 2014.10.22

바로 이러한 사례가 업무의 합리성을 점점 더 퇴보시키는 현상을 설명하는 것 중의 하나다. 권력형 비리도 문제이지만 실무형 비리로 확대되었다는 것은 조직 전체의 문화가 그렇게 바뀌었다는 것을 의미하며, 바로 이것이 조직 전체의 무능화(無能化)를 뜻하는 것이고, 정직하지 못한 환경에서 전문화의 함정인 것이다. 업무의 합리화와 전문성 확보를 위해 방위사업청을 설치한다고 했지만 현실은 거꾸로 간 셈이다. 바로 이것이 갑을문화의 함정이다. 이것은 방위사업청만의 문제가 아니다. 눈을 돌리는 곳곳마다 이러한 현상을 발견할 수 있다.

갑을문화의 존재는 곧 클레임 문화의 부재를 뜻하고, 클레임 문화의 부재는 곧 계약 중시 문화의 부재를 뜻한다. 계약 문화란 갑과 을 사이의 거래 내용을 계약에 명시하고, 그렇게 만들어진 계약을 기반으로 해서 일이 진행되는 것을 의미한다. 계약 내용을 변경할 때에는 상호 주장과 협의를 통해 합의를 이끌어 내고, 그렇게 해서 만들어진 합의 내용을 다시 계약에 반영하여 계약 정신에 의해 진행해 나가는 것이다.

우리에게는 이러한 계약 문화가 너무 미약하기 때문에 계약 내용의 문서화를 꺼리고, 계약이 불가피할 경우에는 두루뭉실하게 표현해서 책임을 회피하려 하고, 갈등이 생겼을 때에는 서로 자기주장만 한다. 이것은 E&C 사업뿐만 아니라 우리나라 전체의 문제이다. 또한 경제계뿐만 아니라 관계(官界), 정계(政界), 법조계(法曹界) 등 전체를 망라한 문제이고, 민간인 사이에서도 별로 다르지 않다.

앞서 갑을문화는 갑의 무능화와 부패를 초래하기 때문에 갑에게도 해롭다고 했는데, 을도 마찬가지다. 을의 입장에서는 금전적 피해나 정신적 피해 외에도 무능화를 초래한다는 문제가 있다. 정당한 이익을 얻지 못하기 때문에 사업을 발전시켜 나갈 투자 여력은 고사하고 생존에 급급해져서 능력 개발은커녕 점점 더 퇴보하게 된다.

수면 위로 떠오른 수많은 문제의 뿌리에는 갑을문화가 있다. 만약 우리가 갑을문화의 질곡에서 벗어나지 못한다면 우리나라가 결코 선진국으로 발돋움할 수 없다는 것을 자신 있게 말할 수 있다. 선진국으로의 도약은커녕 오히려 뒤처질 것을 염려하게 될 것이다.

이렇게 갑을문화가 생활에 스며드는 데에는 우리의 정신문화가 바탕이 되었다고 보는데, 이에 대해서는 제4부에서 살펴보기로 하겠다.

5 프로젝트 관리 방법론과 협업체계 적용 방향

지금까지 프로젝트 관리체계에 대해 그 필요성과 활용 실태, 그리고 체계적인 관리 방법론을 사용할 수 없는 이유에 대해 살펴보았다.

E&C 프로젝트의 복잡성을 극복하기 위해서는 프로젝트 팀의 각 업무 영역, 그리고 프로젝트에 참여하는 이해관계자 사이에 정확한 의사소통을 통해 전체 조직이 유기적인 관계를 구축해야 하는데, 이러한 의사소통의 기본 틀을 제공하는 것이 관리 방법론이며, 최근 해외 프로젝트의 급증에 따라 이의 특성을 고려한 관리 방법론이 필요하다는 이야기를 했다. 그러나 프로젝트 관리 방법론이 국내에 소개된 지 꽤 오랜 시간이 흘렀음에도 제대로 활용된 적이 없고, 이의 배경에는 갑을문화가 자리 잡고 있기 때문이라는 것과, 모든 프로젝트가 완벽할 수 없음에도 불구하고 갑을문화는 그러한 오류가 밖으로 드러나지 않도록 함으로써 결국 업무의 개선을 가로막고 있다는 점을 설명했다. 그리고 이러한 갑을문화는 악순환의 고리를 가지고 있어 문제를 개선하는 것이 매우 어렵다는 점, 그리고 갑을문화는 갑에게는 부패와 무능화를 초래하고, 을에게는 수익성 악화와 무능화를 가져 오게 함으로써 사회를 점점 더 퇴보하게 만든다는 점에 대해서도 살펴보았다.

지금까지 협업 체계에 대한 설명은 없었는데, 이는 갑을문화에서 탈피하여 글로벌 스탠더드를 따르게 되면 자연스럽게 해결될 수 있는 것으로 보기 때문이다. 사실상 우리에게 협업이라는 개념은 거의 없다. 우리가 설계사나 제작사, 공급사, 하도급사 등 프로젝트 참여자와 함께 프로젝트를 진행하고 있는데, 그것이 협업 아니냐고 생각할 지도 모르겠다. 그러나 이것은 크게 잘못된 생각이다. 협업과 대비되는 것은 지시/보고에 의한 작업 방식이라고 볼 수 있는데, 이는 협업과는 완전히 다른 개념이며, 우리는 지시/보고에 의한 방식으로 작업을 진행하고 있는 것이다.

지시/보고에 의한 작업 방법은 작업 요청자가 작업 수행자에게 요구사항을 전달하면 작업을 수행한 결과를 보고한 후 동일한 방식으로 피드백 절차를 거치는 것이다. 여기에는 작업 요청자가 작업을 진행하는 과정에 대한 개입이 거의 없는 방식으로써 행정 업무와 유사한 개념이다. 이에 비해 협업은 작업 요청자와 수행자가 작업 진행 중에 요구사항과 조정사항에 대한 정보를 상호 공유하면서 작업을 진행하는 방식이다.

우리나라에서 협업을 할 수 없는 이유는 다음 4가지로 본다. ① 업무 수행 방법론 부재, ② 절차를 무시하는 관행, ③ 기록 유지를 기피하는 문화, ④ 작업 요청자의 요구사항 불명확.

협업을 하고자 하면 상호 커뮤니케이션을 위한 방법이 명확해야 한다. 이를 위해서는 업무 방법론 뿐만 아니라 구체적인 행동에 관한 실행지침, 템플릿(Template) 등이 필요한데, 우리에게는 이런 것들이 매우 부족하다. 따라서 커뮤니케이션을 하려 해도 방법이 뒷받침되지 않아 불가능한 것이다. 또한 정해진 절차를 무시하는 경우도 많고, 감사(監査)를 의식해서 기록(Documentation)을 남기려 하지 않는 문화도 협업을 어렵게 하는 요인이다. 협업은 구두(口頭)에 의한 의사전달 방법으로는 불가능하기 때문에 문서로 의사소통을 해야 하는데, 우리가 이러한 소통방식에 취약한 것도 주요 원인 중 하나이다. 그리고 작업 요청자가 자신의 요구사항을 가능한 한 정확하고 상세하게 제시해야 하는데, 이 또한 잘 이루어지지 않는다. 요구사항을 구체적으로 제시했을 때 여기에 오류가 발생한다면 그에 대해 책임을 져야 하기 때문에 이를 기피하기 위한 것이거나, 혹은 작업 요청자가 능력이 부족하여 요청사항을 구체적으로 제시하지 못한다거나 하는 것이 원인이다.

위의 4가지 이유 때문에 우리에게는 협업이 어렵다. 그러나 해외에서는 위와 같은 작업 방식이 모두 손실과 직결되므로 적극 피해야 한다. 협업 방식이 우리에게 왜 어려운 것인지에 대해서는 위와 같이 간단하게 알아보고 여기에서는 협업체계를 구성하는 방법에 대해 설명하도록 하겠다.

프로젝트 관리 방법론의 도입에 관해서는 프로젝트에 적용하기 위한 방안 외에 방법론 활용 효과를 높이기 위한 환경을 조성하는 방안, 클레임에 대한 대응, 그리고 국가 차원에서 이를 정착시키기 위한 방안을 살펴보도록 하겠다.

체계적 방법론 적용 대상 프로젝트

제3부의 모두(冒頭)에서 임기응변적 방법론보다는 체계적 방법론의 효율이 더 높다는 이야기를 했는데, 효율이 높다고 해서 반드시 효과가 높은 것은 아니다. 체계적 방법론이 잘 활용된다면, 즉 의사소통의 정확성과 업무 간 연계가 잘 이루어질 수 있다면 이 방법론은 매우 큰 효과를 나타낼 수 있지만, 그렇지 못하다면 오히려 더 큰 혼란을 초래하기 때문에 손실을 가져올 수 있다. 체계적 방법론 적용 여부를 결정하려면 다음 3가지를 우선순위에 의해 판단하면 된다. 즉 ① > ② > ③의 우선순위로 결정하면 된다.

① 발주자가 제시하는 방법론이 있다면 그대로 수용(受容)
② 우리가 체계적 방법론대로 수행할 수 없다면 임기응변적 방법론 채택
③ 위 ①, ②에 해당되지 않는다면 체계적 방법론 선택

위와 같은 순서로 판단하면 되는데, 이에 관해 좀 더 자세히 살펴보자.

① **발주자 제시 방법론 우선 적용**: 발주자가 제시한 방법론이 있다면 그것을 우선적으로 적용한다. 물론 발주자가 제시한 내용에 불합리한 점이나 우리에게 일방적으로 불리한 내용이 있다면 협의·조정이 필요하겠지만, 대체로 발주자가 스스로 제시한 방법론이라면 큰 문제는 없을 것이라고 기대할 수 있다. 대개 문제가 많이 발생하는 것은 방법론이 아니라 계약특별약관인 경우가 많다. 따라서 특별약관의 내용은 주의 깊게 살필 필요가 있다.
발주자의 방법론을 따를 경우 문제가 될 수 있는 것은 오직 한 가지다. 우리에게 그것을 이행할 수 있는 능력이 있는가의 여부가 바로 그것이다. 앞의 '4. 프로젝트 관리 방법론이 활용되지 않는 이유'에서 설명한 바와 같이 사실상 우리에게 그것을 이행할 수 있는 능력이 부족하다는 것이 문제이다.

② **체계적 방법론 이행이 불가능하다면 임기응변적 방법론 선택**: 발주자가 제시하는 별도의 방법론이 없다면 우리의 뜻에 따라 선택 가능해지는데, 만약 우리가 체계적 방법론을 이행할 수 있다면 그것을 선택하는 것이 훨씬 더 유리하다. 임기응변적 방법론보다 크게 효율이 높기 때문이다. 효율이 높다는 것은 실패 비용을 포함한 코스트를 크게 절감할 수 있다는 의미이다. 따라서 우리가 이행 가능하다면 체계적 방법론을 선택하는 것은 당연한 일이다. 다만 우리가 체계적 방법론을 이행할 능력이 없다면 이를 피해야 한다.

③ 위 ①, ②에 해당되지 않는다면 체계적 방법론 선택 발주자가 제시하는 별도의 방법론이 없고, 우리가 체계적 방법론을 이행할 수 있다면 체계적 방법론을 선택한다.

인천국제공항 건설 시의 에피소드를 이야기해 볼까 한다. 세계 최고의 건설회사로 꼽히는 미국의 벡텔(Bechtel) 사가 기본설계와 사업관리를 맡고 있었는데, 프로젝트 진행상황에 대해 발주자 회의에서 보고를 해 달라는 요청을 받았다. 회의석상에서의 보고를 마치고 나서 며칠 후 벡텔 사로부터 천만 원이 넘는 청구서가 날아왔다. 1990년대 중반의 시점에서 그것은 꽤 큰 돈이었다. 비용 청구 사유는 출장비. 벡텔이 수행하기로 한 용역 내용에 출장보고 업무는 없었기 때문에 보고서 작성 비용과 출장에 소요된 비용을 청구한 것이다. 우리나라에서는 전례가 없는 일이었지만 그 비용은 지불되었다. 합리적인 요구이기 때문이다.

그런데 만약 그 업체가 벡텔이 아니라 국내 업체였다면? 비용 청구를 하지도 않았겠지만, 청구했다 하더라도 지급하지 않았을 것이다. 뿐만 아니라 괘씸죄에 해당하여 그 이후에 곤란한 상황이 많이 발생했을 것이다. 그런데 그러한 인식은 지금도 현재진행형이다. 용역작업 내용이 계약에 명시되어 있지만 실제 작업 내용은 그보다 훨씬 많다. 문서에 의한 업무 수행이 이뤄지지 않기 때문이기도 하고 계약 내용이 두루뭉실하기 때문이기도 하다. 계약 문서에 정의한 내용을 보면 수행해야 할 업무를 나열한 후 맨 끝에는 '…… 등'이나 '기타 이와 유사한 것'이라는 말이 꼭 들어간다. 그런데 그 뜻에 대한 해석은 갑의 마음대로라는 것이 문제이다.

체계적 방법론 적용 여부를 결정할 때에는 이와 같은 상황도 고려해야 한다. 우리가 체계적 방법론을 이행할 수 있는 능력이 없다는 것이 우선 문제이겠지만, 이러한 관행이 체계적인 관리 문화를 받아들이지 않도록 함으로써 현재와 같은 상황을 초래했다고 볼 수도 있다.

발주자가 제시하는 방법론은 위와 같은 이유 때문에 중요하다. 만약 우리 기업이 국내 프로젝트를 수행할 때 체계적 방법론을 사용한다면 그 기업은 데이터를 이중 관리해야만 할 것이다. 나쁜 의도에서 그런 것이 아니라 제대로 관리하려면 내부 방법론을 따라야 하는데, 발주자에게는 발주자 기준에 맞추어 자료를 제출해야 하기 때문에 데이터를 이중으로 관리할 수밖에 없게 되는 것이다. 물론 이런 경우라면 발주자가 요구하는 기준에 맞춘 데이터만 관리하게 되겠지만, 그렇게 해서 정착된 것이 현재의 관리체계라고 볼 수 있다.

아무런 제약이 없다면, 즉 위의 ①, ②에 해당되지 않는다면 가장 좋은 것은 체계적 방법론이다. 왜 체계적 방법론을 선택해야 하는지, 즉 체계적 방법론의 장점은 무엇인지에 대해서는 앞에서 설명했으므로 여기서는 생략한다.

기타 해외 프로젝트 수행시 유의사항

임기응변적 방법론을 선택하건, 아니면 체계적 방법론을 선택하건 관계없이 해외 프로젝트에서 반드시 유념해야 할 것은 다음과 같다. 앞의 '1. 글로벌화가 E&C 프로젝트 관리체계에 미친 영향'에서 이야기한 것이지만 여기서는 그 필요성 위주로 설명하도록 하겠다.

- **클레임 대응능력 강화**: 클레임에 대한 대응이란 발주자가 제기한 클레임에 대한 대응만을 의미하는 것이 아니라 발주자에게 제기해야 하는 클레임에 대해서도 적극적으로 대응해야 한다는 것을 의미한다.

우리가 당연히 제기할 수 있는 클레임을 주장하지 않으면 발주자는 우리를 무시하게 된다(인지상정이다). 법률이 그러하듯이 국제계약 관계에서도 자신의 권리 위에 잠자고 있는 사람을 보호해 주지는 않는다. 다만, 국가마다 계약 이행에 대한 문화가 다르기 때문에 그러한 차이점은 고려해야 하겠지만, 자신의 정당한 권리를 주장하지 않으면 무시당하게 된다는 것은 변함이 없다.

이를 위해서는 해외 프로젝트를 수행하는 인력 전원이 국제계약에 대한 기본 개념과 해당 프로젝트의 계약조건에 대한 이해가 선행되어야 한다. 계약 내용을 이행하는 데에도 필요하지만 무엇에 대해 클레임을 제기할 수 있는지를 판단하는 데에도 필요하기 때문이다. 자세한 내용은 뒤에서 설명한다.

- **문서관리 중시**: 문서관리는 다음 3가지 측면에서 중요하다. 정확한 작업 진행, 클레임에 대한 대응, 책임 명확화.

  '정확한 작업 진행'이란 오류를 최소화한다는 의미로써 프로젝트의 성과를 높이기 위해 필요한 것이다. '클레임에 대한 대응'이란 자신의 주장을 뒷받침하는 것은 오로지 문서이기 때문에 모든 작업과정과 주장이 문서로 이루어져야 한다는 것을 의미한다. '책임 명확화'는 클레임에 대한 대응을 위한 것이기도 하지만, 그것보다는 '정직성(Honesty)' 때문에 더욱 중요하다. 문서로 남겨진 것에 대해서는 거짓을 말할 수 없기 때문이다. 특히 기독교 권역의 사회에서는 정직함이 훨씬 더 중요하다. 그들은 거짓을 가장 큰 죄악으로 여기기 때문이다.

  여기서 문서라 하면 영구적으로 보존될 수 있는 기록을 의미한다. 국제계약에 관한 전문단체인 FIDIC(International Federation of Consulting Engineers)에 의하면 다음과 같이 정의되어 있다. 'written' or 'writing' means hand-written, type-written, printed or electronically made, and resulting in a permanent record.

- **공정관리 중요**: E&C 프로젝트에는 매우 많은 이해관계자가 참여하기 때문에 의사소통이 무척 중요한데, 이러한 커뮤니케이션의 가장 기본이 되는 자료가 공정표이다. 따라서 공정표가 잘못 작성되면 전체 작업에 큰 혼선이 발생하고, 이는 막대한 손실로 이어지게 된다.
  공정지연을 예방하기 위한 수단으로써도 공정관리가 중요하다. 공정지연은 대단히 큰 귀책사유가 되는 경우가 많으므로 유념해야 한다. 아울러 클레임 판단의 가장 기본적인 자료이기도 하므로 히스토리(History) 관리에도 신경을 써야 한다.
- **설계도서의 신뢰성 중요**: 국내에서는 설계도서에 오류가 있다 하더라도 하도급 업체가 스스로 판단하여 조정하는 경우가 많고, 설계도서상의 큰 오류로 인해 시공 오류가 발생하더라도 비교적 관대하게 처리하기 때문에 설계도서의 정확도에 대한 인식이 매우 희박하다.
  그러나 해외 프로젝트에서 이는 정말로 위험한 사고방식이다. 프로젝트를 진행하는 작업 전체에 대해서도 그렇지만 특히 설계도서에 의해 제3국에서 만들어지는 제작품에 오류가 발생할 경우 이는 일정관리에 막대한 영향을 미치게 된다. 이러한 이유 때문에 국내에서 적용하던 관행을 그대로 따라 하는 것은 아주 위험한 것이다.
- Material Tracking(자재추적관리): 재고의 여유분을 비축해 놓고 사용할 수 있는 벌크(Bulk)성 자재나 규격품 자재는 작업일정에 대한 영향이 비교적 작으나 해당 프로젝트에 맞추어 제작되는 배관, 철골, 특수 마감재 등의 자재는 오제작(誤製作)뿐만 아니라 반입이 지연되었을 때에도 큰 문제를 야기한다. 각 부재마다 정해진 위치가 있기 때문에

하나의 부재가 빠지면 후속 작업을 할 수가 없어 매우 곤란한 상황을 야기하기 때문에 자재의 공급과정에 대한 추적관리가 필요하다. 다만, 자재 추적관리는 상세 부재에 대한 추적관리를 해야 하기 때문에 설계도서 작성에서부터 현장 반입 및 설치까지 많은 노력이 투입되므로 주요 부재에 대한 관리로 한정하는 것이 보통이다.

- **발주자 보고서의 정확성**: 발주자에게는 대체로 주(Weekly) 단위 혹은 월(Monthly) 단위로 보고서를 제출하게 되는데, 특히 월간 보고서(Monthly Report)는 정확하게 작성해야 한다. 월간 보고서에는 기간 중 작업내용, 향후 몇 개월 간의 작업계획과 기자재 반입계획, 특별한 이슈 등이 들어가는데, 보고서의 내용에 근거하여 기성고 지불이나 발주자 준비 업무 등이 이루어지기 때문에 정확하게 작성해야 하는 것이다. 작업이 지연되는 것도 문제이지만 너무 빨리 진행되는 것도 문제가 될 수 있다. 작업 진척도만큼 기성고를 지불해야 하는데, 이는 발주자의 자금 조달 계획과 관련이 있어 작업이 너무 빨리 진행되면 자금 조달에 문제가 발생할 수 있기 때문이다.

  때로는 발주자가 기자재의 조기 반입에 대해 반대하는 경우도 있다. 기성고는 기자재의 설치가 완료되었을 때 지불하는 것이 보통이기 때문에 기자재 반입만으로는 기성고에 영향을 미치지 않는다. 그러나 공사 중단 등의 사건이 발생했을 경우 공사 현장에 반입된 기자재에 대해 성능 유지를 위한 비용을 요구하게 되는데, 이때 유지관리 비용을 지불하는 대상에 포함하는 것인지의 여부는 보고서 내용에 기준을 두기 때문에 중요한 것이다. 보고서에 들어 있다는 것은 발주자가 승인한 것임을 의미하기 때문이다. 이와 같이 보고서는 현황이나 계획을 파악하기 위한 것일 뿐만 아니라 자금 지불이나 클레임 등과도 연관이 있다는 점을 고려해야 한다.

프로젝트 차원의 방법론 적용 방안

프로젝트에 체계적 방법론을 적용하기 위해서는 우리가 직접 이행할 수 있는 부분과 능력 범위 밖의 부분을 구별할 필요가 있다. 전체 업무에 혼선이 생기지 않도록 초기에 환경을 잘 마련해야 하고, 각 업무 영역별 역할 분담이나 업무 방침이 잘 수립되어 있어야 이해관계자 간 협업이 수월하게 이뤄질 수 있는데, 우리가 할 수 없는 부분을 어설프게 해 놓으면 전체 시스템이 마비될 우려가 크고, 만약 그러한 상황이 발생한다면 되돌리기가 무척 어렵기 때문이다. 여기에서는 먼저 우리가 할 수 없는 일을 살펴보도록 하자.

- **이행 취약 부분**: 앞의 '4. 프로젝트 관리 방법론이 잘 활용되지 않는 이유'에서 그 이유를 ① 콘텐츠 생산 능력의 부족, ② 기존 축적 데이터 형식의 부적합, ③ 우리의 전통적인 업무방식 혹은 문화와의 이질성이라는 3가지를 들었다.
  ③번은 우리의 갑을문화와 관련이 있는데, 해외에서는 이와 관련이 없으므로 이에 관해서는 제4부에서 별도로 알아보기로 하고, 여기에서는 ①, ②에 관한 사항을 살펴보기로 하자.
  콘텐츠 작성 능력이 부족하다는 것은 주로 WBS, OBS, FBS, 공정 Activity 목록 등 Master Data 작성에 관한 것을 의미한다. Master Data는 프로젝트 전체 업무의 데이터 연계에 관한 것이기 때문에 초기에 잘못 설정되면 매우 큰 혼란을 가져 온다고 이야기했는데, 우리에게 부족한 것이 바로 이 Master Data 작성 능력이다.
  그리고 기존 축적 데이터 형식이 부적합하다는 것은 다음과 같은 두 가지를 말한다.

코스트 분석이나 자금계획 수립, 자원 소요량 파악, 자원 소요 최적화와 같은 작업을 하려면 기본적으로 공정별 자원 소요량에 관한 데이터가 있어야 하는데, 우리는 프로젝트 전체에 대한 데이터 밖에 없어 그러한 작업을 할 수가 없다.

또한 공정, 코스트, 엔지니어링, 조달, 시공, 리스크 등 전체 업무를 연계하여 운영해야 하는데, 우리에게는 그러한 경험이 아직 없다. 이러한 업무를 연계한 글로벌 소프트웨어 패키지에 대한 운영 경험이 없는 것이다.

따라서 위 ①, ②에 해당하는 업무, 즉 Master Data 작성 업무와 글로벌 소프트웨어 패키지 운영에 관한 업무는 단기적으로는 외부의 전문 용역사와 함께 수행하면서 내부 인력을 양성해야 한다. 전문 용역사의 도움을 받되 내부의 전담 인력과 함께 업무를 운영함으로써 역량을 키우자는 뜻이다.

프로젝트 관리 방법론과는 별개로 클레임에 대한 대응과 국제계약에 관한 판단·해석에 관한 능력도 매우 취약하다. 건설산업연구원에서는 우리가 클레임에 제대로 대응하지 못함에 따른 손실을 매출액의 2~3%로 추정할 정도로 손익에 매우 큰 영향을 주는 업무이다(물론 이에 대한 통계는 없다. 앞에서 설명한 바와 같이 갑을문화는 발생한 오류를 드러나지 못하도록 하기 때문에 이에 대한 통계가 나올 수 없고, 있다 하더라도 매우 부정확할 수밖에 없다).

클레임은 계약 내용에 대한 판단·해석과 밀접한 관계가 있으므로 이 둘을 하나로 묶어서 대응책을 마련하는 것이 좋다. 클레임은 상호 간에 분쟁을 목표로 하는 것이 아니라 합의에 이르도록 하는 것이 목표이기 때문에 일반 법률적 행위 판단과는 성격이 다르다. 클레임 처리를 위해서는 법률 해석에 관한 기본 지식과 아울러 공학적 지식과 경험, 그리고 계약내용에 대한 해석 능력이 필요한데, 어느 기업이든 이러한 인력을 보유하는 경우는 드물다. 따라서 이러한 부분 역시 외부 전문 용역사의 도움을 받되 내부에서 이를 전담하는 인력이 반드시 필요하다.

클레임을 각 현장별로 대응하기 어려운 경우도 발생하므로 이러한 부분은 전사 전담부서와의 협업에 의해 처리하는 것이 바람직한데, 이에 관해서는 뒤의 '전사 차원의 방법론 도입활동'에서 설명하도록 하겠다.

- **이행 가능 부분**: 아직은 체계적 프로젝트 관리 방법론에 대해서 프로젝트 팀이 할 수 있는 부분이 많지 않다. 주요 Master Data와 업무 영역 간 데이터 연계형식(Format, Numbering System 등)이 작성되면 이를 바탕으로 한 계획 수립과 실적 데이터 수집 업무를 수행하고, 전체 내용을 망라하는 종합 분석 보고서 작성과 같은 업무를 수행할 수 있을 것이다.

이와 아울러 프로젝트 팀 전원을 대상으로 계약내용에 대한 교육을 실시함으로써 계약내용을 이해하고 숙지하도록 하는 것도 중요하다. 계약 관련 주요 내용에 대한 관리는 전담자가 하겠지만 각 업무 영역별로 계약에 관한 사항은 스스로 이해하여 이행해야 하기 때문이다. 그러나 실제 프로젝트가 진행되는 모습을 보면 기술자는 계약 내용과는 전혀 무관한 듯이 업무를 수행하는 것을 많이 볼 수 있으므로 주의해야 한다.

전사 차원의 방법론 도입 활동

방법론을 도입한다는 것은 프로젝트 팀의 힘만으로는 부족한 것이 많기 때문에 전사 차원의 노력과 병행할 필요가 있다. 프로젝트 팀의 역량이 부족해서가 아니라 프로젝트 팀의 역할과 전사 차원의 역할이 다르기 때문이다. 프로젝트 팀은 프로젝트에 소요되는 자원을 투입하여 이익을 내는 것이 목적이어서 원가도 발생하고 이익도 발생하는 원천, 즉 원가중심점(Cost Center)이면서 이익중심점(Profit Center)이기도 하다. 또한 직접원가로 반영할 수 있는 것은 해당 프로젝트의 완성을 위해 직접적으로 투입된 비용만으로 한정하도록 기업회계기준이나 건설업회계기준에 명시되어 있다. 즉, 프로젝트 직접원가는 해당 프로젝트만을 위해 투입된 비용을 말한다. 이에 비해 프로젝트에 간접적으로 부과되는 원가는 여러 프로젝트를 위해 공통적으로 투입된 비용을 배부 기준에 따라 프로젝트에 나누어 준 것을 말한다.

프로젝트 관리 방법론을 도입할 때 각 프로젝트에 직접적으로 관계되는 것과 여러 프로젝트 혹은 전사의 모든 프로젝트에 공통적으로 관계되는 것이 있는데, 이 중 전사에 관계되는 업무는 간접비용으로 반영해야 하는 것이다. 방법론 도입을 위해 전사 차원에서 해야 할 일은 매뉴얼 작성과 전사 담당 조직 운영, 국제계약에 관한 이해도 제고를 위한 교육 등이 있다.

- **프로젝트 매뉴얼 및 실행지침 작성**: 앞에서 설명한 방법론(PMBOK)은 모든 프로젝트에 공통으로 적용될 수 있는 원칙을 정리한 것이다. 그런데 IT 개발이나 E&C 프로젝트, 제품 개발 프로젝트 등 프로젝트의 성격에 따라 작업 내용, 소요 자원의 종류, 진행 프로세스, 복잡도

등이 모두 다르기 때문에 실제 사업을 추진하는 각 기업에서는 해당 사업 내용에 맞추어 매뉴얼과 실행지침을 만들어야 한다.

매뉴얼과 실행지침은 내부의 노력만으로 개발할 수도 있겠지만, 시행착오가 많이 발생하고 시간도 많이 걸릴뿐더러 결과적으로는 외부에서 도입하는 것에 비해 더 많은 비용이 소요될 것이라는 점을 고려할 필요가 있다. 비용뿐만 아니라 활용성, 적용 효과 면에서 볼 때 방법론과 지침을 각 기업별로 마련하는 것보다는 동일한 종류의 사업을 영위하는 기업이 공동으로 개발하는 것이 더 유리하다. 방법론을 동일한 개념으로 사용하는 사람이 많아질수록 그 효과가 더 커지기 때문이다. 동일 업계뿐만 아니라 발주자도 함께 사용하면 그 효과는 더 커진다. 따라서 최대의 발주자인 정부의 해당 부서와 함께 개발한다면 가장 좋은 효과를 기대할 수 있을 것이다.

- **전사 해외담당 조직 운영:** 국내 프로젝트 수행방식에 익숙한 사람들을 해외 프로젝트의 특성에 맞추기 위해 교육을 실시해도 그 사고방식이 쉽게 바뀌지는 않는다. 심지어는 해외 프로젝트 수행경력이 몇 년이 되었어도 여전히 국내와 같은 방식에서 벗어나지 못하는 경우도 많다. 실제로 해외 사업을 수행하는 전체적인 방식을 살펴보면 국내와 별로 다르지 않으며, 단지 발주자가 특별히 요구하는 사항이 있으면 그에 필요한 자료를 별도로 만들거나 수집해서 처리하는 데 불과한 경우가 대부분이다(몇 번 이야기하는 것이지만, 이것이 그들의 잘못은 아니다).

이러한 문제를 해소하기 위해서는 해외 프로젝트만을 전담하는 조직을 두는 것이 가장 바람직하겠으나, 그것은 인력 중복 문제가 심각하기 때문에 실제로 채택하기는 어렵다. 가장 현실적인 방법은 해외 사업의 프로젝트 관리만을 전담하는 조직을 두어 해외에서 프로젝트 발생시 PMO(Project Management Office) 조직으로 파견하는 것이다. 이 방법은 해외 사업의 특성을 이해하는 사람들로 집단을 구성할 수 있기 때문에 지식과 경험의 교류가 용이하고 업무의 발전을 위해서도 좋은 방법이라 생각된다. 다만, PMO와 수행 조직의 사고 방식이 달라 서로 간에 갈등이 발생할 수 있는데, 이는 프로젝트 관리 능력이 성숙되면 자연스럽게 해결될 수 있을 것이다.

앞서 PMBOK의 제정 목적 중 하나가 '전문가들에게 공통의 용어를 제공하는 것'이라 했는데, 공통의 용어를 사용한다는 것은 곧 공통의 개념을 갖고 있는 것을 의미한다. 이러한 측면에서도 별도의 PMO 조직을 운영하는 방식이 크게 도움이 될 것이다.

- **전사 클레임 담당 조직 운영**: 앞에서 이야기한 바와 같이 클레임을 처리하려면 법률 해석에 대한 기본 지식과 기술공학적인 지식과 경험, 그리고 계약에 대한 해석 능력이 있어야 하는데, 어느 기업도 내부에 이러한 자질을 가진 인력을 보유하는 경우는 드물다. 전혀 없는 경우가 더 많다고 볼 수 있다. 이러한 소수 인력의 활용과 역량 개발을 위해서는 전사 차원에서 조직을 구성하여 집중 운영하는 것이 효율적이다. 이렇게 전사 차원에서 조직을 운영하더라도 인력이 충분치 않으며, 클레임에 대한 모든 경우의 경험과 지식을 내부에 보유한다는 것은 어렵기도 하지만 바람직하지도 않기 때문에 내부 인력과 외부 전문기관과의 협력관계를 통해 문제를 처리하는 것이 좋다.

  이와 같이 조직을 구성하면 일상적인 클레임은 프로젝트 팀의 전담 인력이 처리하고, 복잡하거나 규모가 큰 클레임은 본사의 전담조직에서 처리하도록 하면 업무의 효율이 높을 뿐만 아니라 인력 활용과 전문역량 향상, 외부 기관과의 협업에도 유리할 것이다. 전사 클레임 조직의 역할은 크게 다음 5가지로 본다.

▶ 복잡하고 규모가 큰 클레임의 처리
▶ 프로젝트 수주시 계약 약관 검토 및 의견 제시
▶ 클레임을 고려한 하도급 계약 약관 수립 및 업데이트
▶ 클레임 실적분석 및 현업 전파
▶ 외부 전문기관과의 창구 역할

방법론 활용 효과를 높이기 위한 권장사항

방법론은 사용자가 많을수록 효과도 더 높아지고 점진적 개선에 의한 발전도 더욱 빨라질 수 있다. 마치 표준이 널리 퍼지면 퍼질수록 그 효과가 더 높아지는 것과 같다. 또한 프로젝트 수행자뿐만 아니라 발주자도 동일한 방법론을 사용하면 그 효과가 더욱 높아지기 때문에 업계 공동으로, 혹은 정부 주도로 방법론 활용을 위한 환경을 구축하는 것이 좋다.

아울러 특정 기업 차원에서 해결할 수 없는 과제는 정부 차원에서 주도적으로 해결할 필요가 있다. 방법론 활용의 효과를 높이기 위한 방안을 살펴본다.

- **업계 공통의 과제는 정부에서 해결 주도:** 업계 공통의 과제는 특정 기업에서, 혹은 민간 부문에서 해결하는 것이 어렵다. 앞에서 언급한 바 있는 데이터 관리형식 변경을 위한 분류체계 작성과 데이터베이스 구축, E(엔지니어링)와 C(시공) 간의 데이터 통합을 위한 법률 개정, 방법론의 실무 적용을 위한 매뉴얼 및 실행지침 개발, 해외 프로젝트 참여자를 위한 교육 등이 이에 해당한다.

  데이터 관리형식 변경을 위한 분류체계는 정부에서 개발한 '건설

정보분류체계'를 기본 틀로 하여 제정하면 될 것으로 보인다. 건설정보분류체계는 북미에서 많이 사용하고 있는 MasterFormat을 국내 실정에 맞게 보완하여 시설-공간-부위-공종-자원 별로 Breakdown한 것으로써 방법론 운영 취지에 가장 적합한 형태를 가지고 있다. 다만, 건설정보분류체계가 2001년 8월에 시행되었으나 활용도가 미진한데, 여기에는 이유가 있다. 그 분류체계에 맞춘 실적 데이터가 없기 때문이다.

실적 데이터가 없으면 견적을 낼 수가 없고, 견적을 낼 수가 없으면 수익성을 따질 수가 없다. 이로 인해 코스트를 산정하기 위한 내역을 작성할 수가 없어 실무에 적용이 어려워지는 것이다. 바로 여기에 정부의 역할이 있다. 건설정보분류체계의 각 항목에 대해 자원 소요량을 작성하는 것이 관건인데, 여기에 대해 정부와 민간이 함께 참여하여 일정한 기준에 따라 소요량을 산정하여 가이드로 활용하고, 실제 프로젝트가 발생했을 때 적용할 자원 소요량과 적용 단가는 지역이나 국가, 생산성, 관리 효율 등에 따라 달라지므로 이 부분은 각 기업이 자신의 노하우로 처리하도록 하면 정보분류체계의 활용도 향상에 도움이 되지 않을까 생각한다.

가이드를 제시한다는 것에는 책임감이 따르기 때문에 부담스러워 할지도 모르겠다. 그러나 모든 상황, 모든 관점에 맞추어 데이터를 제공할 수는 없다(제1부 '자료관리의 한계와 효율적인 자료관리체계 구축'에서 설명했던 자료의 다면성과 다중성은 여기에도 영향을 미친다). 따라서 특정한 지역, 특정한 시점, 특정한 작업환경에 대한 자원 소요량에 관한 정보를 제시한다면 그것만으로도 충분히 효과를 낼 수 있을 것이다.

<u>E와 C 간의 데이터 통합을 위한 법률 개정</u>은 비용을 산출하는 방법과 내역을 작성하는 형식을 통일하자는 것인데, 이는 법률이 아니라

시행규칙만 개정해도 가능한 일이다. 이 작업은 E와 C 조직을 통합하는 수단이기도 하지만 건설정보분류체계를 제대로 활용할 수 있도록 도와주는 것이기도 하다. 법률 개정의 필요성은 제2부 '4. 어떻게 해야 하나' 중 'E와 C 조직의 통합'을 참조하기 바란다.

매뉴얼 및 실행지침 개발도 정부와 민간이 함께 추진하는 것이 좋을 것으로 생각되는데, 이것 역시 하나의 가이드 혹은 전범(典範)으로 간주해도 될 것이다. 이 역시 앞에서 필요성에 대해 설명했으므로 구체적인 설명은 생략한다.

해외 프로젝트 참여자를 위한 교육은 개별 기업 차원에서 지식과 경험을 갖춘 교수를 초빙한다는 것이 어렵기 때문에 정부에서, 혹은 업계 공동으로 시행하는 것이 효과를 높일 수 있는 방법이라 생각된다.

- Community 설립: 커뮤니티는 프로젝트 관리의 경험과 노하우를 전문가 사이에 공유할 수 있도록 하는 장으로써 지금도 몇 개의 커뮤니티가 있으나 그다지 활성화되어 있지 않다. 방법론이 제대로 활용되지 않은 것이 주된 이유인데, 방법론의 활용도를 높이는 활동과 커뮤니티 활성화를 동시에 추진하는 것이 좋을 듯하다.

  다만, 커뮤니티 운영 내용은 조금 바꿀 필요가 있다. 지금은 발표 내용이 주로 개인의 경험담에 불과한 경우가 많은데, 이는 방법론의 전파와 발전에 별로 도움이 되지 않고 오히려 실망감을 주는 경우가 많다. 따라서 이를 앞에서 설명한 매뉴얼의 내용을 기준으로 발표하고 토론하는 형식으로 바꾸는 것을 통해 좀 더 체계적으로 운영할 필요가 있다. 포럼(Forum) 형태는 전혀 맞지 않을 것으로 생각되며, 세미나(Seminar)나 컨퍼런스(Conference)로 운영하거나 심포지엄(Symposium)처럼 좀 더 전문성을 강화하는 것이 발전에 도움이 될 것이다.

- **'국제계약 및 프로젝트 관리'에 관한 교육과정 설립:** 국제계약이나 프로젝트 관리 방법론을 익히는 것은 꽤 많은 노력을 필요로 하며 E&C 사업을 비롯한 모든 프로젝트 사업이 앞으로 더욱 발전시켜야 할 고부가가치 사업이기도 하므로 대학에 전문과정을 편성하는 것이 어떨까 한다. 여기에는 '자료관리'에 관한 내용도 포함시켜야 할 것이다. 자료관리는 모든 분류체계나 데이터를 작성하는 데 기본적으로 필요한 지식이기 때문이다. 커리큘럼의 주요 내용은 다음과 같이 구성하면 좋을 것으로 본다.
    - ▶ 자료관리 및 건설정보분류체계
    - ▶ 프로젝트 관리기법 및 방법론
    - ▶ 국제계약 관리 및 클레임 처리
    - ▶ 프로젝트 협업체계 구축

- **갑을문화 탈피를 위한 활동은 전 국가 차원에서 진행:** 앞에서도 여러 번 얘기했지만 갑을문화의 폐해는 생각보다도 훨씬 심각하다. 만약 우리가 갑을문화에서 벗어날 수 있다면 현재 우리나라에서 논의하고 있는 문제들 중 수많은 것들이 해결될 수 있다. 거꾸로 말하면 갑을문화에서 벗어나지 못하면 그러한 모든 논의와 노력이 밑 빠진 독에 물붓기와 같은 식이 될 것이다. 아무런 소용이 없다는 것이 아니라 할 수 있는 것이 매우 제한적일 것이라는 뜻이다.

  형식적으로 운영되는 제도, 행동보다는 구호가 앞서는 활동, 옥상옥(屋上屋) 식으로 운영되는 조직, 각종 ㅇㅇ피아, 실종된 질서의식 등등 오랜 동안 이슈가 되어 이제는 익숙하기까지 한 문제들이 모두 갑을문화와 관련이 있다.

  이것은 우리의 사고방식과 관계된 것이어서 어떤 특별한 주체가 바꿀 수 있는 것이 아니라는 것이 문제의 해결을 어렵게 한다. 다만, 부패 구조의 청산과 정직한 사회 만들기를 위한 정부의 방침이 속도를 내어 추진된다면 좀 더 효과를 높일 수 있지 않을까 생각한다.

갑을문화의 반대는 정직한 사회다. 이 두 가지가 무슨 관련이 있을까 하고 생각할 수도 있겠는데, 이에 관해서는 제4부에서 좀 더 자세히 살펴보기로 하자.

프로젝트 협업체계 구축 방안

협업(Collaboration)을 한다는 것은 업무 방식을 글로벌 스탠더드로 바꾼다는 것과 같은 의미로 볼 수 있다. 협업을 하게 되면 이해관계자가 상호 필요한 정보를 동시에 교환하거나 공유하면서 업무를 진행하는 장을 제공하게 되어 업무의 투명성이 확보되고 책임 소재가 명확해질 뿐만 아니라 프로젝트 참여자 간에 공통의 용어를 사용할 수 있다는 것을 의미하기 때문이다.

협업체계를 구축하는 방안에 대해서는 협업 업무간 연계, 소프트웨어 패키지의 선정과 구성(Configuration), 기간 시스템과의 인터페이스, Master Data 작성에 관한 내용의 순으로 살펴보기로 하자.

- **협업 업무간 연계**: 협업은 업무 영역 간 필요 정보를 동시에 연계한다는 개념으로 구성되며, 거의 모든 업무가 일정을 기반으로 하여 수행되기 때문에 공정관리 업무가 중심에 위치하는 형태로 만들어 진다.

협업체계를 구축할 때에는 각 업무 영역별 역할과 업무간 인터페이스를 명확히 해야 한다. 예를 들어 자재 추적관리를 담당하는 역할은 구매조달(Procurement)에 둘 수도 있고, 시공/시운전(Construction/Commissioning)에 둘 수도 있는데, 여기에 대해 명확히 하지 않으면 업무에 혼선이 발생하게 되므로 유의해야 한다.

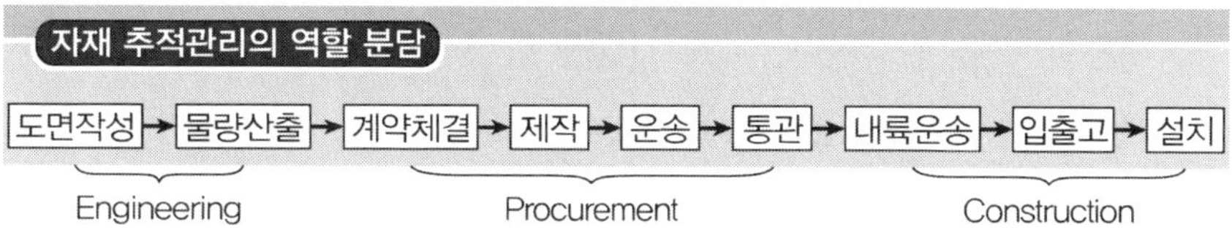

업무의 성격으로 보면 위 그림과 같이 도면작성과 물량산출은 엔지니어링 파트에서 담당하고, 계약체결~통관까지는 구매조달 파트, 내륙운송~설치까지는 시공/시운전 파트에서 담당하는 것이 적절한데, 실제 프로젝트를 수행하다 보면 서로 역할을 회피하려는 경우도 많기 때문에 팀 구성시 역할을 명확히 해야 한다.

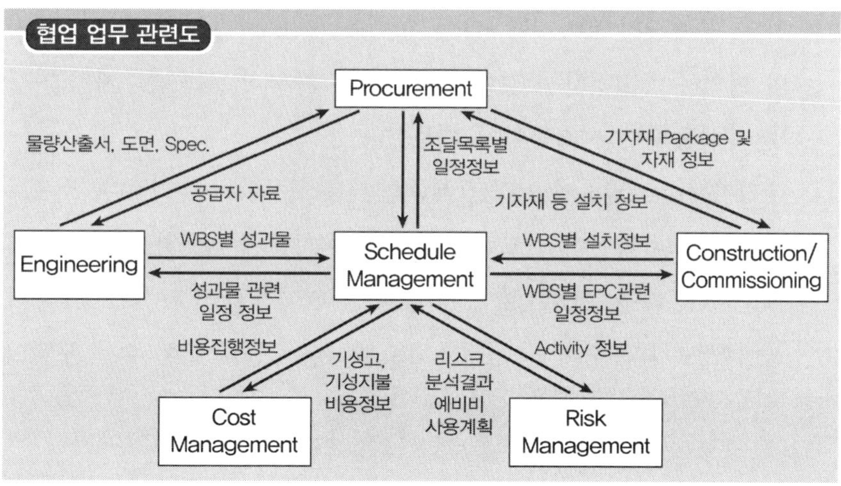

협업 업무 간 연계 개념도의 사례는 위와 같이 정리하였는데, 이는 고정적인 것이 아니며, 필요 업무의 범위나 업무 간 연계의 강도 등 상황에 따라 다양하게 변화될 수 있다.

- **소프트웨어 패키지의 선정과 구성**(Configuration): 프로젝트를 운영하기 위한 소프트웨어는 자체 개발 방식으로 할 수도 있으나 패키지를 사용할 것을 권장한다. 자체 개발을 하면 다른 프로젝트에도 그대로 사용 가능하기 때문에 더 이익이 되는 것으로 생각하기 쉬운데, 실제로는 일부 한정된 기능만 개발 가능한 경우가 대부분이고, 그마저도 개발 비용이 패키지 라이선스 도입 비용에 못지 않게 크다. 또한 유지보수 비용을 고려하면 훨씬 더 비용이 많이 들어가는 방법이며, 신뢰성에는 더욱 큰 문제가 있다. 협업을 위한 소프트웨어는 대단히 복잡한데, 그 업무 전체를 이해하는 사람도 없거니와 개발 후 기능 검증에도 매우 많은 시간이 소요되므로 신뢰성을 담보하기 어렵다. 이 때문에 협업 소프트웨어는 패키지를 사용하도록 권장하는 것이다. 소프트웨어 패키지는 프로젝트의 규모와 업무 범위에 맞추어 선정하되, 문서관리 패키지와 HSE(Health Safety Environment) 패키지는 발주자와 협의하여 결정하는 것이 좋다. 이 두 가지 업무는 발주자가 가장 많이 사용하는 시스템이기 때문이다.
  패키지는 글로벌하게 인정된 제품을 사용하는 것이 유리하다. 소프트웨어 성능의 확인이 쉽고 사용자가 많기 때문에 적응하는 것도 쉽기 때문이다. 다만, 프로젝트 관리를 위한 것이라면 SAP이나 Oracle과 같이 규모가 큰 것뿐만 아니라 IFS, 4Project 등과 같이 비용 부담이 적은 패키지도 충분히 사용 가능하다.

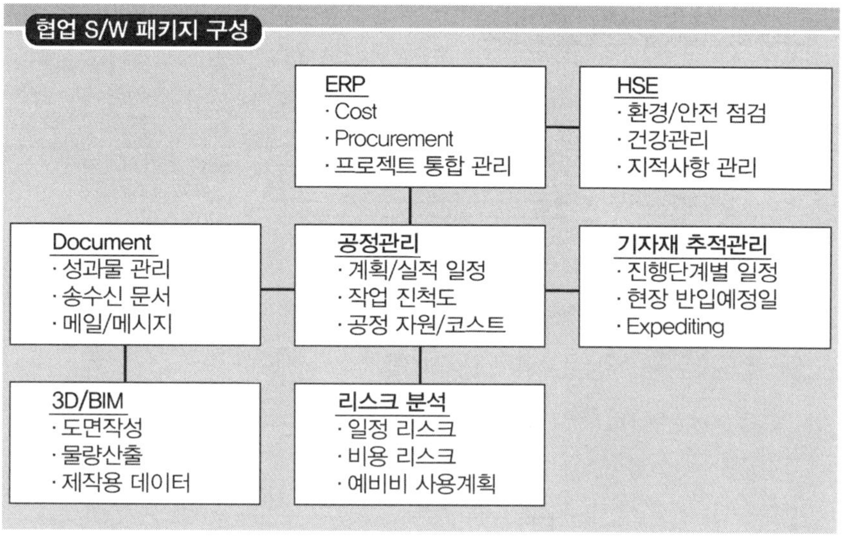

협업 소프트웨어 패키지의 구성 개념도의 사례를 위와 같이 제시하였는데, 이 역시 프로젝트의 범위와 소프트웨어 사용 범위에 따라 다양하게 변화된다.

- **협업 시스템과 기간 시스템과의 인터페이스:** 프로젝트 참여자는 협업 시스템만 사용하므로 기간 시스템과는 아무런 관계가 없으나 정보 시스템 내부에서는 프로젝트 관련 각 주체(Entity)의 역할 수행과 정보의 이중 입력 방지를 위해 인터페이스가 발생한다. 인터페이스 내용은 사업 구도에 따라 달라진다. 규모가 큰 프로젝트의 경우에는 해당 프로젝트만을 위해 Joint Venture 형태의 SPC(특수목적법인, Special Purpose Company)를 운영하는 경우가 많은데, 이러한 사항도 시스템 구성과 인터페이스에 반영해야 한다. 협업과 기간 시스템 간 인터페이스 사례는 아래 그림을 참조하기 바란다. 아래 그림 역시 하나의 사례이며, 사업구도와 각 주체별 담당 역할에 따라 다양한 형태로 구성된다.

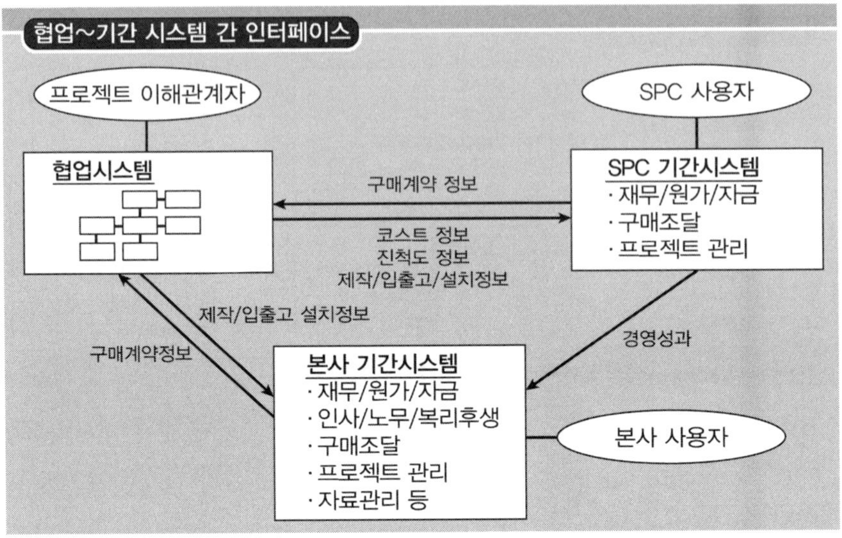

- Master Data **작성에 유의**: WBS, FBS, OBS, 공정 Activity 목록은 프로젝트에서 대표적인 Master Data이다. 이러한 데이터들은 업무와 업무를 연결해 주는 성격을 가지고 있기 때문에 이 데이터들이 흔들리면 업무 사이의 연결은 끊어지고 전체 시스템이 무용지물이 된다. 따라서 Master Data는 한 번 작성되면 그 이후에 의미의 변동이 없어야 한다는 원칙을 고수해야 한다. 특히 WBS는 모든 업무의 바탕이 되는 Master Data로써 그러한 원칙이 더욱 철저히 지켜져야 한다. 처음부터 완성된 WBS를 작성할 필요는 없으나, 실제 작업이 일어나기 전에 그 작업과 관련된 WBS는 완성되어 있어야 한다. 즉, 모든 데이터 작성에 앞서 만들어져야 하는 것이 WBS라는 것을 명심할 필요가 있다.

제4부

비즈니스 문화 개선을 위한 몇 가지의 고찰

한 알의 모래에서 세계를,
한 송이 꽃 속에서 우주를 보기를.

__윌리엄 워즈워드

4부에서는 사회의 각 조직이 관계를 맺고 움직이는 기본 프레임이라는 의미의 시스템이 제대로 갖춰지지 않게 된 원인이 무엇인지에 대해 살펴보고자 한다. 비효율적 시스템의 원인을 파헤쳐 보면 우리나라의 생산성이 낮은 이유와 소위 '갑을문화'의 뿌리가 어디에 있는지를 알 수 있다. 또한 우리가 프로젝트 관리 방법론을 사용하지 못하는 이유, 그리고 업무 오류의 노출이나 그에 따른 개선이 잘 이루어지지 않는 이유의 뿌리도 역시 여기에 있다는 점을 알게 될 것이다.

앞서 말한 바와 같이 동일한 노력을 기울이더라도 시스템이 얼마나 효율적인가에 따라 그 결과에 엄청난 차이가 생길 수 있다는 점이 바로 시스템을 중시해야 하는 이유다. 머리말에서도 이야기했지만, 시스템이 잘 갖춰진 사회에서는 스스로 알지 못하는 사이에 남으로부터 많은 도움을 받게 되지만, 시스템이 잘못되어 있는 사회는 남의 도움은 별로 없이 스스로 많은 것을 해결해야 하기 때문에 동일한 노력을 기울이더라도 시스템이 얼마나 잘 갖춰져 있느냐에 따라 결과에 큰 차이가 생겨나게 되는 것이다.

사회는 매우 복잡하다. 수많은 요소가 서로 인과관계를 가지면서 영향을 미치기 때문에 때로는 어떤 결과에 대해 원인이 무엇인지를 따지는 것이 불가능할 때도 있다. 그러나 우리가 하나의 결과를 산출(産出)하기 위해서는 많은 과정을 거치게 되고, 각 과정마다 주위의 여건에 따라 산출물의 결과에 차이가 발생하게 된다는 것, 그래서 과정이 거듭될수록 결과의 차이가 점점 더 확대될 것이라는 점은 충분히 예상할 수 있다. 시스템은 그 모든 과정에 영향을 미치기 때문에 시스템의 효율이 일의 결과에 미치는 정도가 그토록 큰 것이다.

시스템에는 사회를 움직이는 각종 제도뿐만 아니라 문화, 전통, 관습 등도 포함된다. 문화나 전통, 관습은 제도를 만드는 데 밑바탕이 되기도 하지만, 이는 제도가 만들어진 후 실제 운영을 하는 데에도 큰 영향을 미치기 때문이다. 예를 들어 어떤 사건이 발생했을 때 무조건 자신의 주장을 펼치는 것에 대해 우리는 그들을 비난하는 의미에서 '국민정서법'이라는 말을 쓴다. 이 말을 할 때에는 자조적(自嘲的)인 뉘앙스로 사용하는 경우가 많은데, '자조적'이라는 말은 '나도 역시 그렇다'라는 뜻을 포함하고 있다. 바로 이것이 문화나 전통, 관습에 해당하는 것이다. 우리에게는 '국민정서법'이라는 사고방식 때문에 제도가 만들어져도 그대로 이행되지 않는다. 따라서 제도는 그럴 듯하게 만들어져 있어도 실제 운영되는 모습은 지리멸렬한 경우가 많다. 사실상 '국민정서법'이라는 말은 냉소적인 의미를 넘어 슬프기까지 한 것이다. 이와 같이 국민의 정서가 제도 운영에 큰 영향을 미치기 때문에 문화와 전통, 관습을 시스템에 포함시켜야 하는 것이다.

일이 이루어지는 밑바탕에 시스템이 자리 잡고 있지만, 그러한 시스템의 바탕에는 또 다시 각 국가나 민족의 사고방식이 자리하고 있다. 중세까지 문화나 경제력, 군사력 면에서 우월한 위치에 있던 동양이 근대를 거치면서 상황이 뒤바뀌어 서양에 압도적으로 뒤처지게 된 배경에는 시스템을 움직이는 사고방식의 차이가 존재하고 있다.

서양은 모든 것을 이성(理性)과 사유(思惟)에 의해 판단하던 중세의 사고방식에서 벗어나 관찰과 증명, 그리고 소위 막스 베버가 말하는 '자본주의 정신'에 의해 시스템에 엄청난 변화가 있었던데 반해, 동양은 사고방식이 전혀 변화되지 않아 시스템에 변화가 없었고, 그 결과를 근대와 현대의 역사가 그대로 보여 주고 있다. 서양은 이성의 한계를 명확하게 인식하고 이를 보완하기 위해 경험의 체계화와 이성적 사유를 병행해 왔다는 것인데, 여기에는 칸트(Immanuel Kant)의 영향이 컸다. 칸트가 결정적인 지시자(指示者) 역할을 했다고 볼 수도 있다. 그에 의해 도그마적 신학(神學)이 지배하던 중세에서 벗어날 수 있었을 뿐 아니라 이성적 사유와 경험적 질서가 조화를 이루는 사회를 만들 수 있었던 것이다.

이에 비해 동양의 사고방식은 변화가 없이 지금도 그대로다(일본은 약간 예외적이다. 나는 일본의 사고방식이 동양과 서양의 중간쯤 어딘가에 위치하고 있다고 본다). 동양의 사고방식에 변화가 없이 과거의 시스템이 지속되고 있다는 것을 잘 보여 주는 것이 1999년 싱가포르의 한 외교관이 <타임>지에 기고한 'It's true. Asians can't think'라는 글이다. 그 주요 내용을 요약해 보았다.

- 송나라 시대의 중국이 이 세상에서 가장 진보한 국가였고, 심지어 300여 년 전의 청나라도 전 세계의 같은 등급의 나라들 중 최고였다는 사실에는 논쟁의 여지가 없다. 그러나 지난 100년 사이에 서양은 기하급수적인 발전을 거듭하여 세계에서 가장 우월한 문명을 이루었다. 이것은 경제력이나 공학적 기술 때문이 아니라 정신적 창의성 때문에 이루어진 것이고, 창의성이 세상의 모습을 어떻게 바꾸었느냐에 관한 것이다. 그 결과 현재 과학기술이나 정치제도, 경제에 이르기까지 서양의 이론에 의존하고 있는 것이 아시아의 현실이다.
- 재능 있는 아시아인들이 답답한 지적 분위기와 연공서열이 우대받는 환경 때문에 아시아를 떠나야만 하고, 아시아를 떠나서야 비로소 그 재능을 발휘하게 되는 현상에 대해 의문을 가져야 한다.
- 아시아인들은 항상 정확한 답이 존재한다는 믿음, 그리고 그 답을 책이나 권위자에게서 찾을 수 있다는 뿌리 깊은 의식을 가지고 있으며, 이러한 사고(思考)는 암기 위주의 교육 방식에 반영되어 있다. 선생님들은 진리를 알려 주고, 부모들은 항상 옳고, 정치적 지도자들은 더 많이 아는 것으로 그들은 인식하고 있다.

- 공자(孔子)를 재해석할 시기가 되었다. 그는 질서를 강조했는데, 예를 들면 자식의 효(孝)는 결코 불복종을 용납하지 않는다. 그리고 과거의 황제들은 자신의 지배에 의한 질서를 정당화하기 위해 자신의 업적을 조작했으며, 자기 자신만은 자기가 만든 법률의 지배를 받지 않았다.
- 세대를 이어 온 유학자(儒學者)들의 비뚤어진 철학은 창조적인 사고를 훼손시키는 역할을 해 왔다. 지식의 중요한 진보는 과거의 지식에 대한 많은 수정과 기존의 틀을 바꾸는 데에서 비롯된다. 질서를 위한 질서는 창의적인 사고를 가로막을 뿐이다.

그가 주장하는 주요 내용을 훑어보았다. 이 외교관의 말이 모두가 정확히 옳다고 생각하지는 않지만 그가 아주 좋은 지적을 했다는 데에는 공감한다. 아시아인의 한 사람으로서 치욕을 느낄 만한 이 글은 그러나 아시아인의 현실을 너무도 정확하게 꼬집고 있다.

그는 아시아가 서양의 과학기술적 성과와 인문경제적 이론에 의지하여 문명을 이루어 온 것에 대해 치욕스럽게 생각하는 듯한데, 나는 동양이 서양의 우수한 문물제도를 도입하여 활용한 것에 대해서는 옳은 선택을 한 것으로 생각한다. 하나의 민족이나 국가가 모든 면에서 우수한 위치를 차지할 수는 없기 때문에 자신에게 부족한 부분에 대해 외부의 도움을 받아 활용하는 행위는 오히려 권장할 만한 일이다. 그러나 그 외의 사항에 대한 지적, 그리고 서양 문물을 우리가 제대로 활용하지 못함으로써 문명을 더욱 발전시켜 나가지 못한다는 점은 우리에게 너무나 뼈아픈 현상이 아닐 수 없다.

그는 또 공자의 사상이 우리에게 해로운 것으로 지적하였는데, 나는 여기에 대해서도 약간 다른 의견을 가지고 있다. 즉, 공자의 사상은 개인의 수양(修養)을 위해서는 훌륭한 가르침의 하나가 될 수도 있지만, 그의 사상을 사회에 적용하는 것은 넌센스에 가까워서 우리에게 해를 끼치는 것이라 생각한다. 이에 대해서는 뒤에서 살펴보기로 하겠다.

그는 이 글에서 그가 지적한 내용들에 대한 답변은 제시하지 않았는데, 나는 여기에 대해 하나의 해석을 내리고자 한다. 즉, 우리의 문물이 서양의 과학기술에 의지하게 된 경위와 재능 있는 아시아인들이 서구에 정착한 후에야 비로소 재능을 발휘하게 되는 현상의 뒤에 자리잡고 있는 배경이 무엇인지, 그리고 아시아인들이 모든 일에는 항상 정답이 있다는 사고를 가지게 된 원인과 공자의 사상이 우리에게 해로운 영향을 미치는 이유 등에 대해 나름대로의 해석을 내리고자 한다.

이와 아울러 우리 사회의 발전에 큰 장애물로 여겨지고 있는 '갑을문화'에 대해서도 그것이 우리에게 해로운 영향을 끼치게 되는 기제(機制, 메커니즘)와 갑을문화의 형성 배경, 그리고 갑을문화에서 벗어나는 방안 등에 대해서도 나름의 의견을 개진하고자 한다.

1 이성(理性)의 한계, 능력(能力)의 한계

모든 일에는 한계가 있다. 이와 같이 너무나 당연한 말을 하는 데에는 이유가 있다. 실제로 우리가 일을 할 때에는 마치 한계가 없는 것처럼 생각하고, 그러한 생각에 따라 이행(履行)한 후에 일을 그르친 것을 발견하는 사례가 너무 많기 때문이다. 제1부에서 자료관리의 한계에 대해 알아보았는데, 이는 아주 작은 사례에 지나지 않는다. 이러한 현상은 동서양을 막론하고 겪어 본 것이기도 하다. 그러나 서구에서는 근대를 거치면서 이러한 오류를 많이 바로잡았지만, 동양에서는 그러한 사고가 바뀌지 않아 발전이 늦어진 것으로 본다. 이성의 한계에 대해 동서양이 어떻게 생각해 왔는지를 살펴보고 그러한 인식의 차이가 어떠한 결과를 가져 왔는지 알아보도록 하자.

사람이 인식할 수 있는 것은 시간과 공간 내에 존재하는 것들 중 우리의 감각으로 받아들일 수 있는 것을 대상(=재료)으로 해서 이성으로 추리할 수 있는 것들뿐이다. 그 외의 것들은 우리가 인식하지 못한다. 예를 들어 블랙홀의 존재는 확인했지만 블랙홀 내에서 어떤 일이 생겨나는지에 대해서는 추리할 수 없다. 그 곳에는 시간과 공간이 없기 때문이다. 칸트의 말을 빌리면 블랙홀 내부에 대해서는 우리가 추리를 통해 머릿속에 모습을 그려보는 데 필요한 인식의 재료가 없다.

한편, 시공간 내에 존재하는 것들이라 하더라도 우리의 감각이 포착하지 못하는 것 역시 직접적 인식의 재료가 될 수 없다. 예를 들면 박쥐가 초음파를 이용하여 움직이지만 우리는 그것을 느낄 수 없기 때문에 인식의 재료로 삼을 수가 없다. 우리는 대상을 지각하는 인간 특유의 방식에 의한 것 밖에는 모르기 때문이다. 그래서 우리가 무언가를 인식하기 위한 재료로 삼을 수 있는 것은 시공간 내에 존재하는 것들 중에서 우리의 감각으로 받아들일 수 있는 것뿐이다.

이러한 인식의 재료를 가지고 이성의 논리추리 과정을 거쳐 시공간 내에 존재하는 것들에 대한 인식 범위를 넓혀 나간다. 그러나 시공간을 넘어선 것에 대해서는 논리추리도 불가능하기 때문에 그것은 우리의 인식 범위를 완전히 벗어난다. 우리가 인식하는 과정을 그림으로 나타낸다면 아래처럼 표현할 수 있지 않을까.

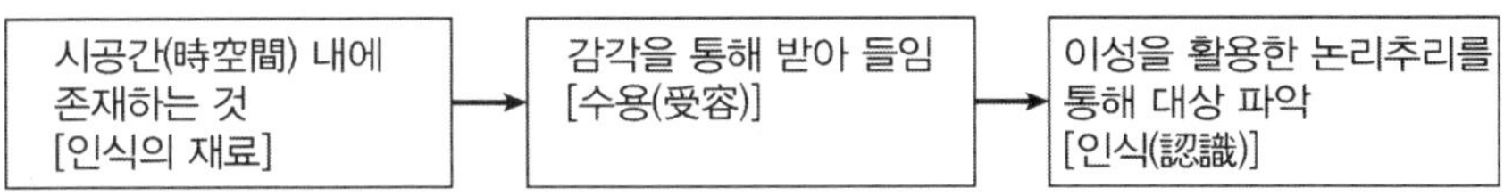

사회활동에 대한 해석도 이와 유사하다. 사회에서 일어나고 있는 사건들이 무수히 많은데, 이러한 일들에 대한 인과관계 확인은 사실상 불가능하다. 너무나 많은 요인들이 영향을 미치고 있고, 영향도의 크기도 다를 뿐만 아니라 시간이나 상황에 따라서도 달라지기 때문에 정확한 인과관계를 분석하는 것이 불가능하기 때문이다. 그러나 특정한 원칙이 있어야 합리적인 사회생활을 영위할 수 있기 때문에 그러한 원칙을 찾기 위해 노력하게 되는데, 모든 것을 인식의 재료로 삼을 수는 없으므로 이성을 통해 가능성 있는 모델을 만든 다음 이를 현실에서 확인하는 방법을 많이 쓴다.

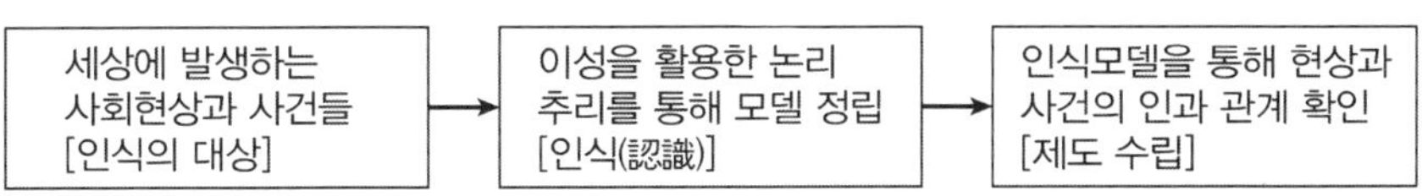

위와 같은 과정을 거쳐 우리가 대상을 인식했다 하더라도 실제 행동에 옮길 수 있는 것은 또 다시 제한을 받는다. 자원이 부족해서든, 시간이 부족해서든, 혹은 커뮤니케이션의 부족 때문이든 여러 가지 요인에 의해 행동은 제약 받을 수밖에 없다.

그런데, 이성에는 치명적인 약점이 있다. 마치 모든 일에 대해 명확히 증명할 수 있다는 듯이 끝까지 논리추리를 추구하려는 경향이 바로 그것이다. 칸트는 '우리의 이성은 그 본질상 무조건적인 또는 무제약적인 것, 즉 물자체(物自體)로 접근하려고 한다'고 하면서 그것은 결국 환상에 불과할 뿐이라고 얘기한다. 옳은 말이다. _〈쉽게 읽는 칸트, 순수이성비판〉, 랄프 루드비히 著, 박중목 譯, 이학사, 1999

이성은 자신이 할 수 없는 것까지도 판단을 내리려 하기 때문에 우리가 어떤 일에 대해 파악하고자 할 때 현실과 무관하게 이성만으로 판단을 내리면 엉뚱한 결과가 나오는 경우도 있다. 논리추리가 가능하지 않은 부분들까지도 상식적으로 맞는 듯한 논리를 붙여 설명하려 하기 때문이다. 지금 생각하면 우습지만 과거에는 그럴 듯한 것으로 받들어지던 얘기를 들어 보자.

중세시대에 이성적인 사유를 통해 기독교 신앙을 체계적으로 정리했다고 평가 받는 스콜라 철학자들은 '무거운 물체가 떨어지다가 일정한 위치에 정지하는 것은 그 물체가 가장 알맞은 곳에 멈추어서 그 본질을 보존하려는 욕구 때문이다'라고 말했다. 이에 대해 영국의 대표적 경험론자 중 한 사람인 토머스 홉스는 '생명이 없는 사물들에다 욕구니 자기 보존에 좋은 것이 무엇인지 아는 지식이니 하는 불합리한 말들을 붙인다. 올바른 이성을 믿게끔 만드는 것 이상을 믿지 않는 것이 현명한 사람이다.'라고 스콜라 철학자들을 비판하면서 이성이 할 수 있는 것과 없는 것을 구별해야 한다는 점을 지적한다. _〈리바이어던, 국가라는 이름의 괴물〉, 토머스 홉스 著, 김용관 譯,

살림출판사, 2005)

동양에서도 중국 한나라의 동중서(董仲舒)는 천인합일(天人合一) 사상을 설명하면서 '하늘은 매년 360일인데 사람의 골격은 360개이며, 하늘은 둥근데 사람의 머리도 둥글게 생겼다. 하늘에는 오행(五行)이 있고 사람은 오장(五臟)이 있다. 하늘은 사람의 증조 할아버지이다'라고 했다. 하늘이 사람의 조상이기 때문에 하늘과 사람은 본성을 같이 하는 것이라는 터무니 없는 주장을 한 것이다.

이와 같이 이성만으로 이해할 수 없는 것을 이성에 의해 설명하기 시작하면 그와 관련된 모든 것은 왜곡되어 버린다. 그런데 이성이란 우리의 사고판단에 영향을 미치지 않는 곳이 거의 없어 그 영향 범위는 엄청나게 넓다. 따라서 이성을 잘못 사용하면 현실세계는 비합리와 독단(獨斷)이 난무하게 되며, 그러한 사실을 서양의 마녀재판과 우리나라의 각종 사화(史禍)가 그대로 보여 준다. 업무를 수행하는 과정에서도 수많은 오류와 실수가 여기서 비롯되는 것이 많으며, 이는 심각하기도 한 결과를 초래한다.

바로 이것이 이성의 올바른 사용을 특별히 강조하는 이유이며, 서구가 근대(近代)에 비약적인 발전을 이룰 수 있었던 것은 바로 이와 같은 이성의 한계를 깨달았기 때문이다. 칸트가 <순수이성비판>을 통해 서구의 근대에 매우 큰 공헌을 했다는 평가는 바로 여기에 근거를 두고 있다.

이성을 무제약적으로 적용하면 세상이 완벽한 것처럼 인식하게 되어 잘못된 것을 개선하려는 노력이 필요 없는 것처럼 생각하도록 만들어 버린다. 이성은 자기가 할 수 없는 것까지도 끝까지 설명하려 하는데, 이를 계속하다 보면 우주에 존재하는 만물뿐만 아니라 신(神)을 포함한 모든 것을 이해할 수 있고, 우리가 이해한 것은 쉽게 바로잡을 수 있을 것으로 생각하게 되기 때문이다. 이에 대해 동서양의 근본 사상의 차이점이 무엇이고, 그것이 어떤 결과를 가져 왔는지 살펴보기로 하자.

이상(理想)과 현실(現實)에 대한 동서양의 인식 차이와 그 영향

현실세계는 이상세계와 확연히 다르다. 목표의 설정이나 성립하는 과정, 그리고 피드백을 반영하는 정도에 있어서 현실세계와 이상세계는 구별되어야 한다. 또한 개인생활과 사회생활에 있어서도 현실과 이상 중 무엇을 선택해야 하는지도 구별되어야 한다. 개인이 선택하는 것은 현실과 이상 중 어느 쪽을 선택하더라도 관계없지만, 사회가 현실을 무시하는 선택을 하면 막대한 사회적 낭비와 퇴행(退行)을 가져오기 때문에 무엇을 선택하느냐 하는 것이 매우 중요하다.

우리는 이상세계의 사례를 장자(莊子)의 소요유(逍遙遊)나 도교(道敎)의 초월사상(超越思想), 그리고 서양 중세시대의 신학(神學)에서 볼 수 있다. 인간이 도달하기를 희망하지만 영원히 이루어지지 않는 유토피아, 이 세상에 존재하지 않는 곳, 바로 그 곳이 이상세계이다.

이상세계란 이러한 것이기 때문에 우리의 현실과는 관계없는 것으로 생각하기 쉽다. 그러나 실상을 살펴보면 우리의 사회제도나 관행, 혁신활동 등 모든 면에 이상세계의 편린들이 녹아 들어가 있어 효율을 떨어뜨리거나 오히려 퇴보하는 상황을 만들어 내는 경우가 허다하다. 그 논리가 소요유나 초월사상, 신학을 대상으로 하는 것이라면 그것이 이상세계에 관한 얘기라는 것을 금방 알 수 있기 때문에 현실세계와 혼동하지 않겠지만, 우리 주변에 있는 것들은 암묵적으로, 정확히 보이지 않는 곳에 숨어 있기 때문에 이루어지지 않을 목표 설정, 통제되지 않는 처리과정, 그리고 끝없는 실패의 반복을 경험하게 된다.

중세시대까지는 세계 경제와 문화의 중심이 아시아, 특히 중국에 있었는데, 근대에 들어와 그 중심지가 서구 제국으로 급속히 바뀌었다. 우리나라와 일본의 관계도 과거에는 우리가 문화 전달자의 역할을 했지만, 힘의 중심추가 일본으로 기울어지면서 우리나라는 숱한 고초를 겪었다. 우리는 보통 힘의 균형이 일본으로 넘어간 것이 임진왜란 이후인 것으로 알고 있지만, 사실은 임진왜란 이전인 고려 말기에 이미 국력은 크게 쇠퇴한 상태에 놓여 있었다. 함경도 지방의 시골무사였던 이성계가 왜구의 소년 명장 아지발도(阿只拔都)를 전라도 남원 전투에서 격파함으로써 중앙 정부에서의 위상이 크게 높아졌고, 결국 이것이 역성혁명(易姓革命)으로 이어져 조선을 개국하게 되었다는 것을 우리는 알고 있다. 우리나라의 국력은 고려 말기에 이미 크게 쇠퇴하여 이성계가 왜구의 침입을 위화도 회군의 명분으로 삼을 만큼 그들에게 끊임없이 시달리는 상태였던 것이다.

서구와 동양의 관계가 역전(逆轉)된 데에는 세계관의 변화가 크게 작용했다고 본다. 즉, 서구 유럽과 일본은 근대를 통해 이상주의적 세계관에서 현실주의적 세계관으로 중심 사상이 바뀌었는데, 우리나라를 포함한 동양의 여러 나라는 여전히 이상주의적 세계관에서 벗어나지 못했고, 특히 우리나라는 조선 말기까지 청나라보다도 더 폐쇄적인 사고방식에서 벗어나지 못한 것이 사회발전에 큰 차이를 불러 온 것으로 보는 것이다. 그리고 그러한 사고방식은 지금까지도 지속되고 있다고 본다. 우리의 뿌리 사상이 어디에 있는지, 그리고 어떻게 형성되어 왔는지에 대해 간단히 알아보기로 하자.

우리나라의 고전(古典) 사상은 무위자연(無爲自然)과 하늘(天), 그리고 삼강오륜(三綱五倫)을 근본으로 하고 있다. 시대에 따라 주류 사상은 달랐지만 지금까지도 우리의 사고방식은 이러한 세 가지 기본 관념이 밑바탕에 깔려 있다. 이 세 가지의 사상에 대해 간단하게 살펴보자.

'무위자연(無爲自然)'으로 대표되는 노장(老莊) 사상은, 아무런 인위적 개입이 없이 자연 그대로 흘러갈 수 있도록 놔두는 것이 지극한 도에 도달할 수 있는 방법이라고 주장한다. 세상은 있는 그 자체로 완벽한 것이기 때문에 사람이 무언가를 바꾸려 하는 인위적인 행동은 오히려 완벽함을 그르치는 것이라는 뜻을 가지고 있다. 노자는 아름다움이든 선함이든 그것이 꾸며진 것, 즉 인위적으로 만들어진 것이라면 본래의 의미와는 반대되는 의미를 가진다고 말하고 있다.

> 天下皆知美之爲美 斯惡已. 천하개지미지위미 사악이.
> 天下皆知善之爲善 斯不善已. 천하개지선지위선 사불선이.
>
> 천하가 다 아름답다고 알고 있는 것이 꾸며진 아름다움이라면 이것은 악한 일이고, 천하가 다 선하다고 알고 있는 것이 사실은 꾸며진 선이면 이것은 불선(不善)이다. _노자 〈도덕경〉, 이경숙, 명상, 2004

무위(無爲)에 관한 위의 설명과 같이 꾸며진 아름다움은 악(惡)이요, 꾸며진 선(善)은 불선(不善)이다. 들판에 스스로 피어난 꽃은 아름다운 것이지만, 화분에 심어 놓은 꽃은 아름다워 보여도 사실은 아름다운 것이 아니라고 얘기한다. 또한 나도 모르게 누군가에게 도움이 된 일을 한 것은 선(善)이지만, 일부러 나서서 도움이 되는 행위를 하고 그것이 세상에 알려지기를 바랐다면 그것은 불선(不善)이다. 노자는 꾸며지지 않은 것을 칭찬하면서 존재의 완벽성을 이야기하고, 자연스럽게 흘러가는 것을 권장하면서 애써 무언가를 바꾸려고 하지 말라는 것을 이야기한다.

'천인합일(天人合一)'이라는 말로 나타낼 수 있는 유교 사상은 '사람은 하늘을 근본으로 하여 만들어졌으며, 하늘은 사람의 증조부(曾祖父)'라고 한 중국 한(漢)의 동중서(董仲舒)의 말처럼 사람은 하늘을 본떠서 만들어

졌기 때문에 완벽하다는 사고를 가지고 있어 역시 노장 사상과 비슷한 면이 있다. 브리태니커는 유교 사상의 주요 개념인 천인합일(天人合一)의 뜻을 다음과 같이 설명한다.

> 공자(孔子)는 …… "하늘이 나에게 덕(德)을 주었다"라고 하여 인간이 가진 덕성을 천부적인 것으로 이해했다 …… 맹자(孟子)는 "마음을 다하는 것은 성(性)을 아는 것이며, 성을 아는 것은 하늘을 아는 것"이라고 하여 사람의 마음과 성이 하늘과 본래 일체이며, 진심(盡心)이 지성(至誠)이면 능히 천명을 얻는다고 했다. 맹자의 이러한 사고는 하늘이 모든 것을 포함하며 동시에 사람의 마음에 이것이 존재한다는 것으로 천인합일 사상의 명확한 표현이었다. _Encyclopedia BRITANNICA online

유교에서 주장하는 덕(德)이란 하늘의 뜻이 현실 세계에 펼쳐진 것이라고 볼 수 있는데, 인간의 덕성(德性)은 하늘이 준 것이라고 공자는 말한다. 또한 맹자는 사람이 지극한 마음으로 성실함을 다하면 사람의 마음에 이미 존재하는 천명(天命)을 얻는다고 하였다.

공맹(孔孟) 역시 사람이 가지고 있는 최고의 자질은 덕성이며, 이 덕성은 하늘이 내려 준 것이어서 누구나 마음을 다해 이것을 찾도록 성실하게 노력해야 한다고 주장한다. 자신의 밖에 있는 것을 바꾸려고 하기보다는 안에 이미 존재하고 있는 최고의 덕성을 이끌어 내는 데에 모든 노력을 기울이라고 말한다.

조선시대의 주류 사상이었던 성리학(性理學)은 만물의 존재를 가능하게 하는 근원적 존재로서의 이(理)와 이(理)에 의해 만들어지는 것, 즉 실제로 존재하며 인식 가능하고 시간과 공간의 제약을 받는 모든 것을 기(氣)라고 주장하는 이기론(理氣論)이 대표적인데, 성리학은 이와 같이 이(理)와 기(氣)를 통해 우주의 운행 원리를 탐구하는 학문이다. <고교생을 위한 윤리사전>에는 다음과 같이 나와 있다.

> 성리학은 이(理), 기(氣)의 개념을 구사하면서 우주의 생성과 구조, 인간 심성(心性)의 구조, 사회에서의 인간의 자세 등에 관하여 깊이 사색함으로써 …… 새로운 유학 사상을 수립하였다. _〈고교생을 위한 윤리용어사전〉, 신원출판사, 2001

성리학은 이(理)와 기(氣)에 의해 존재를 설명하는데, 이는 노장 사상의 도(道)와 덕(德), 유학 사상의 천명(天命)과 인도(人道)로 설명되는 논리구조와 유사하다. 성리학을 대표하는 이론은 삼강오륜(三綱五倫), 즉 부위자강(父爲子綱), 군위신강(君爲臣綱), 부위부강(夫爲婦綱)의 삼강(三綱)과 군신유의(君臣有義), 부자유친(父子有親), 남녀유별(男女有別), 장유유서(長幼有序), 붕우유신(朋友有信)의 오륜(五倫)을 사회질서의 원리로 삼았다. 성리학은 삼강오륜이라는 말이 뜻하는 바와 같이 상하 관계를 중시하는 신분적 질서와 계층적 권위에 의해 집단을 운영해 가는 가부장적 질서를 강조한다.

노장사상과 유교사상, 그리고 성리학이 주장하는 논리의 핵심은, 만물에는 도(道), 천(天), 이(理) 등 우주를 지배하는 본질적 질서가 있고, 사람은 그러한 본질적 질서를 천부적으로 가지고 있으므로 내면에 있는 것을 꺼낼 수만 있다면 사람으로서의 도리를 다하는 것이라고 설명한다. 즉, 이상이 현실에 존재하고 있고, 인간이라는 존재는 하늘과 자연을 본떠 만든 완전한 존재이기 때문에 우리가 하려고만 한다면 언제나 이상을 실현할 수 있다고 믿는다. 여기서 주의 깊게 보아야 하는 것은 실현(實現)의 의미가 노력해서 만들어 내는 것을 뜻하는 것이 아니라 본래 있던 것이 밖으로 드러난다는 뜻의 현현(顯現)에 가까운 의미를 가지고 있다는 것이다. 본래 사람은 완벽하게 만들어진 것이며, 그것을 밖으로 드러내기 위해

지극(至極)과 정성(精誠)을 다하면 인간의 도리를 다하는 것이라는 뜻을 가지고 있다. 이러한 사상은 우리가 현실의 모습을 인식하는 틀에 대단히 큰 영향을 미쳤다. 모든 것을 볼 때 **완벽함**을 기준으로 하여 바라보게 된 것이다. '완벽함'을 기준으로 하여 세상을 바라보게 되었다고 해서 무엇이 달라졌을까?

그 답은 이렇다. 세상이 완벽하다는 사고를 가지게 되면, 어떤 일이 발생했을 때 문제를 해결하려는 것이 아니라 정답을 찾으려 하게 되고, 그 정답은 스스로 찾는 것이 아니라 선현(先賢)들의 지혜에서, 책에서, 권위자에게서 찾는다. 제4부의 모두(冒頭)에서 싱가포르의 외교관이 <타임>지에 기고한 내용 중에 '아시아인들은 항상 정확한 답이 존재한다는 믿음, 그리고 그 답을 책이나 권위자에게서 찾을 수 있다는 뿌리 깊은 의식을 가지고 있다'는 내용이 있는데, 이러한 사고방식의 뿌리에 세상은 완전하다는 사상이 자리잡고 있으며, 이러한 사상은 노장(老莊), 유교, 성리학의 바탕을 이루며 우리의 머릿속을 지배해 왔고, 지금도 그러하다. 여기서 이야기를 더 진전시키기 전에 이와 관련된 서양의 사상을 살펴보기로 하자.

플라톤도 앞의 동양사상에서 얘기한 이상(理想)과 비슷한 뜻을 가지는 이데아(Idea)에 대해 말했다. 그러나 그의 주장이 동양사상과 다른 점은 이데아와 현실을 구별했다는 점이다. 모든 것이 완벽한 이데아는 그야말로 이상향으로써만 존재하는 것이고, 실제로 우리가 인식 가능한 현실은 이데아의 모조품이어서 완벽함에는 미치지 못한다는 것이 그의 주장이다. 플라톤은 글라우콘과의 대화에서 '보십시오. 이 많은 아름다운 사물 가운데 추(醜)해 보이지 않을 그런 것이 있습니까? 또한 올바른 것들 중에서 올바르지 않을 그런 것이? 그리고 또 신성한(경건한) 것들 중에서 신성하지(경건하지) 않을 것으로 보이지 않을 그런 것이?'라고 하면서 그는 현실의 존재가 불완전하다는 것에 대해 이야기를 시작한다.

__〈국가〉 제5권, 플라톤 著, 박종현 譯註, 서광사, 1997

아름다움 자체는 언제나 똑같은 방식으로 한결같이 아름다운 상태로 있는 '완벽한 아름다움'을 의미하는 이데아이며, 현실에 실제로 존재하는 아름다운 것(=많은 아름다운 사물)에는 아름다움 속에 추(醜)한 것이 들어 있는 '불완전한 아름다움'이라는 것을 이야기하고 있다. 즉, 아름다움 자체나 올바름 자체라는 이데아에는 다른 요소가 들어 있지 않은 완벽함 자체이지만, 현실에 존재하는 것은 그와 반대되는 것도 들어 있기 때문에 완벽할 수 없다는 것을 말한다.

여기에 현실 세계를 바라보는 관점에 중요한 차이가 있다. 현실이 완벽하지 못하다는 인식은 곧 사회를 완벽에 가까이 다가가도록 하기 위한 제도(制度)를 만들어야 한다는 생각에 닿게 만든다. 이에 비해 동양사상은 '완벽함'이 현실에 존재한다는 생각을 가지고 있었기 때문에 이데아의 모조품이라는 불완전성을 인정하지 않았고, 따라서 이상(理想)을 찾아야 한다는 것에 대해서만 이야기했지, 이상에 도달하고자 하는 구체적인 방법(=제도)에 대한 이야기는 거의 없다. 이와 같이 **'완벽함'이라는 사고는 제도 발전의 장애물로 기능**하게 되는데, 현실에 대한 이러한 관점의 차이로 인해 '사회를 움직이는 프레임(=시스템)'이 서양보다 뒤처지게 된 것이다. 실제의 현실은 완벽하지 않으므로.

앞에서 이야기한 것들이 너무 먼 과거의 일이라고 생각할 수도 있겠는데, 그렇다면 비교적 최근의 우리의 사고방식이 어땠는지 살펴보기로 하자. 1876년 강화도조약 체결 직후 수신사로 일본에 다녀 온 김기수(金綺秀)는 메이지 유신 이후 달라진 일본의 모습을 기록한 일동기유(日東記遊)에서 조선 정부가 그토록 빨리 일본에 사신을 파견하기로 한 이유를 다음과 같이 설명했다.

(강화도조약이 체결되었기 때문에) 저들이 비록 기뻐하면서 돌아가기는 했지만 그 속마음은 끝내 우리에게 의심이 확 풀리지 않았을 것이니, 우리가 저들보다 먼저 사신을 보낸다면 저들은 반드시 망외(望外)의 기쁨으로 알 것이다. 우리가 은혜로써 회유하고, 의리로써 제재하며, 정도(正道)로써 굴복시키고, 신의로써 화호(和好)를 맺는다면 일본은 우리에게 순치(脣齒)가 되고 병한(屛翰, 천자를 호위하는 울타리와 날개라는 뜻으로 제후의 나라를 일컫는 말)이 될 것이다. _〈고종과 메이지의 시대〉, 신명호 著, 역사의 아침, 2014

모두가 알다시피 강화도조약은 운양호 사건이 빌미가 되어 일본의 군사력에 굴복해 맺어진 조약이다. 운양호의 화력에 우리가 도저히 대적할 수 없음을 느끼고 치러진 일이다. 당시 일본과 조선의 국력 차이는 매우 컸는데, 국가예산으로만 보면 일본은 조선의 40배 정도였다(조선은 150만엔, 일본은 6000만엔 정도였으며, 지금은 일본이 약 7배 정도임). 군사력 측면에서 보면 일본이 조선 반도를 충분히 집어삼킬 수 있는 수준이었는데, 당시에는 청(淸)과 러시아, 미국, 영국, 독일 등 강대국의 상호 견제 때문에 겨우 독립을 유지하는 시기였다. 그런 상황에서 은혜와 의리, 정도, 신의만으로 국가를 보존하겠다는 사고(思考)를 가지고 있었던 것이다. 이와 같은 말들은 형식논리학에 의하면 아무런 의미가 없다는 것으로 해석된다. 즉, 현실에 영향을 미치는 것은 아무 것도 없으며, 따라서 이 말을 했다는 것은 곧 아무 말도 하지 않은 것과 마찬가지인 것이다. 즉, 일본의 무력 앞에서 일단 굴복했는데, 그에 대해 아무런 조치도 취하지 않으면서 그것을 대비책이라고 생각했던 것이며, 이러한 사고방식은 결국 한일병탄(韓日倂呑)이라는 비극으로 나타났다.

그런데 이러한 현상은 조선 말기에 비로소 나타난 것이 아니라 그보다 300여 년 전인 임진왜란 때 이미 경험을 했다. 전쟁이 시작된 지 20일

만에 서울을 함락당할 정도로 대비태세가 형편 없었던 것인데, 그런 와중에도 상(喪)을 당하면 집으로 돌아가 시묘살이를 하고, 왕이나 왕비의 제삿날도 국기일이라 하여 공무를 보지 않았으며, 전쟁이 무엇인지 알지도 못하는 문관들이 지휘권을 쥐고 전쟁을 치렀다. 이해하기 어려운 일이지만, 지금도 그러한 사고는 별로 변하지 않았다. 마치 우리가 이기고자 마음만 먹으면 세계 어느 나라도 상대할 수 있다는 식의 생각을 가지고 있는데, 문제는 우리에게 그에 대한 대비는 사실상 거의 없다는 점이다. 임진왜란 때나 강화도조약 때나 지금이나 별 차이가 없는 것이다. 우리 역사에서 이러한 현상의 데자뷰와 같은 모습은 무수히 발견된다.

마음만 있으면 무슨 일이든 이룰 수 있다는 사고가 한 마디로 표현된 것이 '하면 된다'는 말이다. 이 정신은 생존에 유리한 전략이기는 하지만 장기적인 관점에서 보면 오히려 생존에 불리한 전략이다. '하면 된다'는 정신은 정상적인 방법으로 해결되지 않는 것을 모든 수단과 방법을 통해 해결한다는 사고방식이 밑바탕에 깔려 있는 것인데, 이것이 계속되다 보면 비정상적인 것이 일상화되어 '비정상(非正常)의 정상화(正常化)' 현상을 초래하게 된다. 이런 지경에 이르면 목적을 위해서라면 편법과 부정, 비리를 저지르는 것 정도는 용인할 수 있는 것으로 인식되어 사회 전체에 부패와 무능화를 가져오게 된다.

우리나라는 개발독재 시대에 '하면 된다'는 정신을 통해 눈부신 성취와 발전을 이루었다. 도저히 가능하지 않은 일들이 우리나라에서는 가능했고, 일부 기업들은 놀라운 성장을 이루어 새로운 경영전략이 탄생하기도 했다. 우리에게는 절대 가난의 질곡에서 헤어 나올 수 있는 소중한 경험이었다. 그러나 딱 거기까지이다. 사실 그런 성취를 얻게 된 것조차도 거의 기적에 가까운 일로 보아야 할 것이다. 정확한 현실판단, 치밀한 계획과 실행, 그리고 사명감 있는 지도자, 이 세 가지가 결합되어야 그러한 성과가 가능한 것인데, 이는 낙타가 바늘구멍으로 들어가는 것만큼이나 어려운 일이기 때문이다. 나는 그것이 그나마 우리에게 큰 다행이었다고 생각한다. 그러나 그런 가운데 지금까지도 하면 된다는 정신이 가장 훌륭한 자세라는 사고방식은 별로 변하지 않았다.

제3부의 '4. 프로젝트 관리 방법론이 활용되지 않는 이유'에서 살펴본 바와 같이 아무리 하려고 해도 안 되는 일이 있다. 그런 일들은 수행할 수 있는 환경이 마련되어 있어야 비로소 시도해 볼 수 있다. 이와 같이 어떤 일을 수행할 때 의지가 더 중요한지, 아니면 능력이나 환경이 더 중요한지는 상황에 따라 달라진다. 그 일이 제도나 문화, 정서 등 사회의 인프라(=시스템)와 관계가 깊을수록 환경이 중요해지고, 반대로 시스템과 관계가 적을수록 의지가 중요한 영향을 미친다. 의지와 능력 중 어느 하나의 극단이 보편적으로 인정될 때 그 사회는 각종 부작용에 시달리게 된다. 시스템과 깊은 관련이 있는 일에 의지를 강조하면 각종 편법과 부조리가 활개를 치게 되고, 시스템과 관련이 없는 일에 환경을 강조하면 사회에 활력이 없어지면서 발전이 뒤떨어지게 되기 때문이다. 물론 그런 상황에 익숙해지다 보면 별로 느끼지 못할 수도 있지만.

이성의 한계를 발견한 것이 뭐 그리 대단한 일이냐고 생각할 지도 모르겠다. 그러나 그것은 ① 이성이 모든 사고판단의 바탕을 차지하고 있다는 점, ② 서구의 발전을 가져 온 원동력이라는 점과, ③ 그럼에도 불구하고 우리는 아직도 과거의 사고방식에서 벗어나지 못하고 있다는 점, 이 세 가지만으로도 대단히 중요한 일이 아닐 수 없다.

2 개인(個人)과 사회(社會)

개인이 모여 사회가 이루어진다. 그렇다면 사회는 개인들의 합(合)인가? 다시 말하면 개인이 가지고 있는 특성이나 원칙을 사회에 그대로 적용해도 되는 것인가?

이와 같이 물으면 대부분은 '그렇지 않다'고 대답한다. 그렇다면 한 단계 더 나아가 개인과 사회의 서로 다른 특성이 무엇인지, 그리고 서로 다르게 적용되어야 할 원칙들이 무엇인지에 대해 물어 보면 대답이 궁색해진다. 무엇이 다른 것일까?

개인은 독립적으로 이상을 추구하기 때문에 자유를 구속하는 규율이 없어야 하지만, 사회는 끊임없이 이해충돌이 발생하고 그에 대해 시시비비를 가려 절충점을 찾아야 하는 장이어서 규율과 공적(公的) 강제력이 필요하다. '개인'과 '사회'를 구별하는 것은 무척 중요하다. 혼자인가 아니면 여러 사람이 모인 것인가가 중요한 것이 아니라 '개인'에게 적용할 원칙을 '사회'에 적용하면 파국(破局)이 찾아오고, '사회'에 적용해야 할 것을 '개인'에게 적용하면 삶이 무의미해지기 때문에 중요한 것이다.

개인과 사회가 무엇이 달라야 하는지를 알아보는 가장 좋은 방법은 개인과 사회 각각에서 최고의 가치가 무엇인지를 살펴보는 것이다. 개인과 사회는 최고의 가치관으로 꼽는 덕목부터 다르다. 개인의 최고 덕목은 '윤리'와 '도덕'이지만, 사회의 최고 덕목은 '공정함' 혹은 '정의(正義)'다. 이러한 주장에 대부분의 사람들은 동의하겠지만, 실제로 어떤 일을 판단하거나 처리할 때에는 개인과 사회의 차이점에 대한 이러한 생각이 거의 완전히 무시되고, 그 결과 매우 큰 혼란이 발생한다.

거꾸로 얘기해 보자. 사회에 '윤리'와 '도덕'을 적용하려 하면 파국이 찾아온다. 이 말에 대해서는 고개를 갸우뚱하는 사람이 많으리라 생각한다. 윤리와 도덕은 사람의 최고 덕목인데, 그것을 사회에서 실현시키겠다는 건 더욱 살기 좋은 사회를 만드는 훌륭한 방법이 아닌가 하고 말이다. 그러나 이것은 부적절한 것을 넘어 위험한 생각이다. 그리고 우리는 사회를 개인의 연장(延長)으로 생각해서 개인의 덕목을 사회에 적용하는 경우가 많고, 그 결과 끝없는 갈등과 고통을 겪으면서 무의미한 사회적 비용을 지출하는 사례를 많이 본다.

'개인'과 '사회'에 대한 엄청난 착각

공자의 얘기부터 한 번 들어 보자.

> 어떤 사람이 공자에게 물었다. "당신은 왜 정치에 참여하지 않습니까?" 공자께서 대답하셨다. "<상서(尙書)>에 이르기를 '효라는 것은 부모를 공경하는 것이고, 형제와 우애롭게 지내는 것이다'라고 했습니다. 이를 정치적인 면으로 확대한다면 이 역시 정치에 종사하는 것이니 반드시 관리가 되어야만 정치에 참여하는 것은 아닙니다."
>
> **_〈도설천하 논어〉, 박영환·안성재 譯, 시그마북스, 2014**

공자는 부모를 공경하는 효(孝)와 형제에 대한 우애를 나타내는 제(悌)의 마음가짐을 정치에 적용하면 그것이 바로 바른 정치라는 말을 한 것인데, 이것은 대단히 큰 착각이다. 뒤의 '3. 공맹(孔孟)의 가치, 그리고 위험성'에서 다시 한 번 살펴보겠지만, 공자는 개인과 사회를 아무런 구별 없이 동일한 성격을 갖는 것으로 간주하고 그의 사상을 이야기했는데,

이는 환상을 넘어 위험한 사상이다.

다른 이야기를 하나 더 들어 보자. 장자(莊子) 잡편(雜編) 중 즉양(則陽)편에는 중국 춘추전국시대에 위(魏)나라 혜왕(惠王)이 동맹관계를 배신한 제(齊)나라 전후(田候)를 암살하려 하자 대진인(戴晉人)이라는 현자(賢者)가 다음과 같이 말했다고 한다.

"한 달팽이의 왼쪽 뿔에는 촉씨(觸氏) 나라가 있으며, 오른쪽 뿔에는 만씨(蠻氏) 나라가 있어서 끊임없이 영토 싸움을 벌이고 있었답니다. 어떤 때에는 15일이나 격전을 벌여서 쌍방의 사상자가 수만 명에 이르렀으며, 패주하는 적군을 15일 동안 추격한 다음에 군대를 철수시켰다고 합니다. 이 지상 싸움이란 것도 모두 이런 싸움과 같습니다. 우주는 무한무궁한데 비해 사람이 실제로 왕래할 수 있는 땅은 있는 둥 마는 둥 할 정도로 코딱지만한 게 아니겠습니까? 그런 코딱지만한 땅덩어리 속에 위나라가 있습니다. 그리고 위나라 안에 양(梁)이라는 서울이 있고 그 안에서 왕이 살고 계십니다. 그렇다면 임금님과 달팽이 뿔 위의 만씨와는 어디가 얼마나 다릅니까?" 그러자 혜왕은 한참 동안 멍하니 그 자리에 앉아 있다가 "저 분은 대단한 인물이다. 어떠한 성인(聖人)이라도 저 인물을 당해 내지 못할 것이다."라고 말했다고 한다.

이 이야기를 읽으면서 어떤 느낌이 들었는지를 묻고 싶다. 혹시 몸에 소름이 돋으면서 대단한 진리를 얻게 되었다는 생각이 들지 않았는지 모르겠다. 잡다한 세상사에서 벗어나 큰 시야에서 바라본다면 세상에서 시시비비를 가리는 것이 하잘 것 없다는 생각이 들기도 할 것이다. 그렇다면 대진인과 혜왕은 어떤 사람이라는 느낌이 드는가? 혹시 달관의 진리를 깨우친 사람과 그런 사람을 기꺼이 포용할 줄 아는 너그러운 인품을 가진 사람이라고 느껴지지는 않는가?

만약 그와 같이 생각한다면 대단히 큰 착각을 하고 있는 것이다. 그것을 넘어 위험한 일이다. 위의 이야기에서 대진인도 터무니 없는 생각을 가진 사람이지만, 대진인을 성인이라고 받아들이는 혜왕도 어리석기는 마찬가지다. 나라를 다스리는 군주가 자기 나라를 하찮은 것이라고 생각한다면 그 나라가 얼마나 지속될 수 있겠는가. 정말 위험하지 않은가. 그들은 '개인'에게 적용되어야 할 덕목을 '사회'에 적용해도 되는 것이라는 착각을 한 것이다.

종교는 어떤가? 성경에는 '인자는 섬김을 받으러 온 것이 아니라 섬기러 왔으며, 많은 사람을 구원하기 위하여 치를 몸값으로 자기 목숨을 내주러 왔다(마가복음 10 : 45)'는 구절이 있다. 이와 같은 종교의 교리를 사회에 적용하고자 하면 그것 역시 위험해진다. 종교나 초월의 이상을 사회에 구현할 수 있다면 그보다 더 좋은 일은 없겠지만, 그것은 그야말로 유토피아여서 환상에 불과할 뿐이다. 차라리 환상으로 끝난다면 그나마 다행일 것이다. 유토피아를 현실세계에 그대로 구현하려고 하면 실제로는 지옥이 만들어진다. 사람의 본성은 종교의 가르침과는 다르기 때문에 교리를 사회에 적용하려고 하면 그 사회는 반드시 독단(獨斷)으로 흐르게 된다. 토머스 홉스에 따르면 사회 속에서 사람의 일반적인 경향은 '끊임없이 권력을 추구하고자 하는 욕망이며, 이 욕망은 죽어야만 멈춘다'는 것이 그의 말이다. 또한 그는 사회 내에서 도덕 철학자들의 책에서 말하는 것과 같은 궁극적 목적 또는 최고의 선(善)은 없다고 얘기한다.

_〈리바이어던, 국가라는 이름의 괴물〉, 김용환 著, 살림출판사, 2005

우리나라 민주화운동사업회의 박상중 이사장은 '신학적으로 볼 때 선(善)한 정부란 없다. 덜 나쁜 정부가 있을 뿐이다'라고 했다. **_〈조선일보, 2014.11.10**
맞는 말이다. 종교가 추구하는 것과 사람의 본성이 다른데, 사람이 모여 살기 위해서는 강제력이 필요하기 때문이다.

사회가 발전하기 위한 덕목

사회가 발전하려면 각 주체가 상호 신뢰의 바탕에서 서로의 자원을 이용할 수 있도록 거래관계가 투명하고 공정하게 이루어져야 한다. 이를 위해서는 계약에 관한 법체계 등의 제도와 사회적 관습이 적절하게 뒷받침 되어야 한다. 앞에서 개인과 사회의 차이점을 살펴보았는데, 이는 사회에서 가장 중요한 덕목이 '공정함'이어야 하는 이유를 알아보기 위한 것이었다. 경제적 제도와 사회적 관습에 공정성이 없으면 그 사회는 결코 발전하지 못한다.

미래정치학자이자 역사철학자인 미국의 프랜시스 후쿠야마 교수는 국가의 제도와 사회적 관습, 국민의 기질, 도덕의식 등을 사회적 자본으로 칭하면서 '사회적 자본이 낮은 국가는 기업의 규모가 작고 나약하며 비효율적일 뿐만 아니라, 만연해 있는 공직자 부패와 비효율적인 대민 행정으로 고통을 겪게 될 것이다. 이런 상황은 이탈리아에서 분명하게 나타나는데, 북부나 중부에서 남쪽으로 갈수록 사회의 원자화와 부패 사이에 직접적인 연관성을 보이고 있다'고 말했다._〈트러스트(Trust)〉, 프랜시스 후쿠야마, 한국경제신문사, 1996) 공정성을 이루기 위해서는 후쿠야마 교수의 말처럼 각 주체 간에 사회적 신뢰(信頼)가 있어야 하는데, 신뢰를 지탱하는 기반은 정직성이다. 이에 대해 막스 베버는 미국의 정치가이자 외교관·과학자이면서 대통령보다도 존경을 받고 있는 벤저민 프랭클린의 말을 인용하면서 다음과 같이 이야기한다.

> '속담에도 있듯이 돈을 잘 갚는 사람이 모든 돈주머니의 주인임을 잊지 마라. 약속 날짜에 맞추어 지불한다고 소문이 난 사람은 자신의 친구가 당장에 필요로 하지 않는 모든 돈을 언제든지 빌릴 수 있다.
> 이는 때로 매우 유용한 것이다. 근면과 검소 말고 모든 일에서 시간 엄수와

공정보다 젊은이를 출세시키는 것은 없다. 그러므로 당신이 빌린 돈을 결코 당신이 약속한 것보다 한 시간이라도 지체시키지 마라. 그 일에 대한 분노 때문에 당신 친구의 돈주머니가 당신에게 영영 닫히지 않도록 하기 위해서다.

신용에 영향을 주는 것이라면 아주 사소한 행위도 조심해야 한다. 당신의 채권자가 오전 5시나 오후 8시에 듣는 당신의 망치 소리는 채권자로 하여금 6개월을 유예시키도록 할 것이다. 그러나 당신이 일하고 있어야 할 시간에 그가 당구장에서 당신을 보거나 주점에서 당신의 목소리를 듣는다면, 그는 바로 이튿날 상환을 독촉할 것이며 당신이 그 돈을 쓰기도 전에 다시 내놓으라고 할 것이다.'

이 글에서 설교하고 있는 사람은 벤저민 프랭클린(Benjamin Franklin)이다. …… 그가 특징적인 방식으로 말한 것이 '자본주의 정신'임은 누구도 의심치 않을 것이다. …… 여기서는 단순히 처세술이 설교되고 있는 것이 아니라 독특한 '윤리'가 설파되고 있는 것이다. 이 윤리의 불이행은 태만함으로 여겨질 뿐 아니라 일종의 의무망각으로 취급된다. …… 프랭클린의 모든 도덕적 훈계는 공리주의적으로 지향되어 있다. 정직은 신용을 낳기 때문에 유용하며 시간 엄수, 근면, 검소 등도 모두 마찬가지다. 그래서 그것들은 미덕(美德)이다. …… 자본주의는 훈련되지 않은 채 '자유로운 결정'을 내리는 사람들을 노동자로 사용할 수 없으며, 이미 프랭클린에게서 알 수 있듯이 단적으로 파렴치한 행동을 보이는 사업가도 필요로 하지 않는다. _〈프로테스탄티즘의 윤리와 자본주의 정신〉, 막스 베버 著, 박성수 譯, 문예출판사, 2010

막스 베버는 위와 같이 이야기하면서 정직성, 근면성, 노동의 의무 등 자본주의 정신이 프로테스탄티즘과 관계가 있다고 하면서 '대체로 특정한 종교의 양육을 받은 처녀, 특히 경건파 지방의 처녀들만은 다른 경향을 보인다. …… 사고의 집중력과 노동을 의무시하는 절대적으로 중요한 태도가 특히 이들의 경우에는 자주 수입과 그 액수를 산정하는 엄격한 경제적 성격, 그리고 작업 능률을 상당히 제고시키는 냉철한 자세 및 절제 등과 결합되어 나타난다.'라고 말한다.

프로테스탄티즘의 특징인 종교적 경건함이 정직과 노동에 대한 엄격한 책임감으로 나타났고, 그러한 종교적 분위기에서 성장한 사람들이 자본주의 정신에 부합하는 자질을 갖추고 있어 일에 대한 책임감이 없었던 전통주의적 구습(舊習)을 극복할 수 있게 되었다는 것이다.

개인에게 적용해야 할 덕목을 사회에 적용하려 하면 도그마와 비합리로 인해 삶이 위험해지지만, 반대로 사회의 덕목을 개인에게 적용하려 하면 삶이 무의미해진다. 현실세계에서는 여러 가지 제약이나 타인과의 관계, 사회를 구성하는 각 주체들의 욕망으로 인해 이해충돌이 발생하기 때문에 규율을 만들고 그에 따라 생활하지만, 개인의 삶은 단순한 실리추구나 안전의 확보를 넘어 존재의 의미를 찾으려 한다. 사람에 따라 다르겠지만 사랑, 감사, 인격의 완성, 세상사에 대한 초연함, 섬김과 배려 등과 같은 것이 개인의 입장에서는 삶을 살아가는 진정한 의미일 것이다. 그래서 개인에게는 사회와는 달리 이상(理想)이 있어야 하고, 이것은 역설, 은유, 비유를 통해 이루어진다. 그러나 이러한 것들을 사회에 그대로 적용하면 혼란과 다툼, 그리고 부패가 끝없이 발생하게 된다는 점을 마음 깊이 새겨 둘 필요가 있다.

개인의 덕목과 사회적 덕목이 완전히 배타적인 것은 아니다. 개인의 이상을 실현하는 덕목과 사회의 이해충돌을 조정하는 덕목은 서로 배타적인 관계에 놓여 있지만, 양자(兩者)를 실현하기 위한 수단은 모두에게 소중한 덕목이 될 것이다.

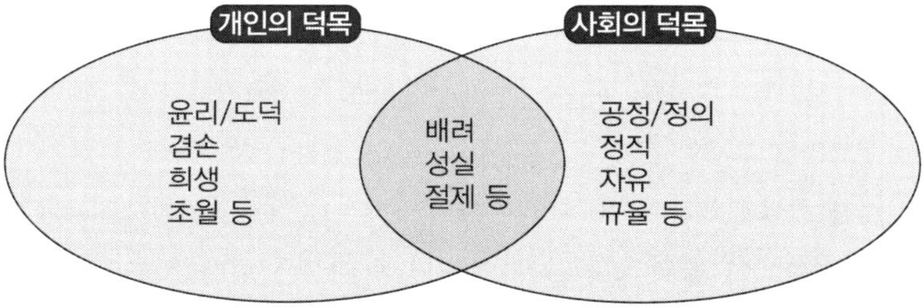

'개인'과 '사회'를 엄격하게 구별해야 한다는 점에 대해 미국의 프로테스탄트 신학자인 라인홀드 니버(Reinhold Niebuhr)는 다음과 같이 이야기했다.

> 역사란 사회통합과 정의라는 바람직한 목적에 도달하기 위한 부질없는 노력들을 기록하고 있는 긴 이야기이다. 그런데 그 목적에 도달하지 못하는 실패의 원인은 대체적으로 강제성의 요인을 완전히 제거하려는 데에 있고, 또한 강제성의 요인에 지나치게 의존하려는 데에 있기도 하다. 강제력에 완전히 의존한다는 것은 새로운 독재자가 보다 전통적인 군주들을 끌어내린 그 높은 지위를 차지하는 것을 의미한다. (중략)
>
> 사회정의가 발전하려면 어느 정도 이성의 개발이 있어야 하는 것이 사실이다. 그러나 이성의 한계들로 인하여 순수한 도덕적 행위, 특히 복잡하고 집단적인 관계들 속에서의 행위는 어쩔 수 없이 불가능한 목표가 되고 만다. 인간은 결코 완전히 이성적일 수는 없다. 우리가 개인생활에서 집단생활로 진행해 갈 경우 충동에 대한 이성의 비중은 점점 더 부정적이 된다. 왜냐하면 집단 간의 공동의 지성과 목적은 항상 불완전하고 일시적이고, 또한 집단은 그것을 맹목적이게 만드는 공동의 충동에 의지하기 때문이다. (중략)
>
> 인간사회를 둘러싸고 일어나는 제반 문제를 현실주의적 관점에서 분석해 보면, 사회의 요구와 양심의 요청 사이에는 여간해서 화합되기 힘든 지속적인 모순과 갈등이 발견된다. 간단히 정치와 윤리의 갈등이라고

규정할 수 있는 모순과 갈등은 도덕생활의 이중적 성격으로 인해 불가피하게 발생하는 것인데, 그 하나는 개인의 내면적 생활이고, 다른 하나는 사회생활의 요구이다.

사회를 중심에 놓고 보면, 최고의 도덕적 이상은 정의(正義)이다. 그리고 개인을 중심에 놓고 보면, 최고의 도덕적 이상은 이타성(利他性)이다. 사회는 여러 면에서 어쩔 수 없이 이기심, 반항, 강제력, 원한 등과 같이 도덕성이 높은 사람들로부터 전혀 도덕적 승인을 얻어낼 수 없는 방법을 사용하게 될지라도 종국적으로 정의를 추구해야 한다. 그리고 개인은 자신보다 뛰어난 것을 보고서 자신을 잃기도 찾기도 하면서 스스로의 삶을 실현해 가도록 노력해야 한다. _〈도덕적 인간과 비도덕적 사회〉, 라인홀드 니버 著, 이한우 譯, 문예출판사, 2003

사회에서 중시해야 할 덕목을 강조하는 것이 개인의 중요성을 경시하려는 것은 아니다. 오히려 삶의 가치는 개인 생활이 얼마나 충실한가에 달려 있다고 본다. 다만, 사르트르의 말을 빌리자면, 개인이 추구하는 것은 즉자적(卽自的)으로 파악되는 반면 사회가 추구하는 것은 대자적(對自的)인 분석이 필요하기 때문에 좀 더 많은 설명이 있어야 한다는 것뿐이다.

깊은 사색은 오히려 개인에 관한 성찰에 더 필요한 것인지도 모른다. 모순과 제약으로 가득한 현실세계 속에서 그저 주어진 기간 동안 살다가 가는 것이 삶의 의미는 아니기 때문이다. 개인과 세계의 부조리한 만남에서 우리가 어떻게 살아가야 하는가에 대한 알베르 카뮈의 말로 이 부분의 이야기를 마무리 짓고자 한다. 카뮈의 글이지만 자크 모노(Jacques Monod)의 책 <우연과 필연>의 첫 부분에 인용한 글을 재인용한다. <우연과 필연>은 생명을 전달하는 유전자는 불변성을 복제함으로써 유지되지만 진화는 우연한 변이(變異)에 의해 이루어지는데, 이 두 가지 모순이 어떻게 성립할 수 있는지를 설명한 통찰력 있는 책이다. 그의 주장은 카뮈의 말과 서로 통하는 데가 있다.

> 인간이 자신의 삶을 되돌아 보는 이 미묘한 순간에 시시포스는 자신의 바위로 돌아오며, 언제나 원점으로 되돌아오는 이 덧없는 일을 조용히 생각해 본다. 이제는 운명이 되어버린 이 일은 자신이 창조했으며, 자신의 기억의 시선 아래에서 하나로 묶이며, 조만간 자신이 죽으면 봉인(封印)될 것이다. 이리하여 그는 인간의 모든 것이 결국 인간 자신으로부터 비롯됨을 수긍하고서, 보기를 바라지만 어둠이 끝나지 않을 것을 아는 맹인(盲人)이 되어 계속해서 전진한다. 바위는 또 다시 굴러 떨어진다. 나는 시시포스를 산 아래에 남겨 두련다! 무거운 짐은 거듭 그의 어깨 위에 놓일 것이다. 하지만 시시포스는 신들을 부정하고 바위를 들어 올리는 최고의 충직함을 보여 준다. 그 또한 이 모든 것이 괜찮다고 생각한다. 이제 이 우주는 주인을 잃게 되었지만, 그의 눈에는 이런 우주가 황폐하거나 허망하게 보이지 않는다. 그에게는 바위의 알갱이 하나하나, 어둠이 내린 산에서 짧은 순간 명멸하는 작은 광채 하나하나, 이런 것들로 하나의 세계가 족히 형성된다. 꼭대기를 향한 투쟁만으로도 사람의 마음은 충분히 가득 차오른다. 우리는 행복한 시시포스를 상상해야 한다.
>
> _〈우연과 필연〉, 자크 모노 著, 조현수 譯, 궁리, 2010

3 공맹(孔孟)의 가치, 그리고 위험성

앞에서 개인과 사회에 적용해야 할 덕목을 구별해야 할 필요성과 이성의 한계에 대해 살펴보면서 우리나라의 뿌리사상이라 할 수 있는 공맹사상을 사회에 적용했을 때에는 심각한 부작용이 나타난다는 것을 지적했다.

공맹사상은 사회에 적용할 만한 것은 거의 없고, 개인에게만 적용한다 하더라도 일부는 해로운 영향을 미친다고 본다. 예를 들면 충(忠)과 효(孝)는 가부장적 질서를 강조함으로써 서열주의 의식을 심어주게 되고, 이는 사람을 대할 때 항상 서열을 의식하도록 만들어 소통을 어렵게 하고 권위주의적으로 사건을 대하도록 만든다.

대한항공 여객기의 괌 추락사고를 분석한 한 전문가는 사고의 원인이 주조종사와 부조종사 사이의 의사소통이 제대로 이루어지지 않은 데에 있다고 하면서, 그 배경에는 권위주의 의식이 있다고 얘기한다. 부조종사가 전방에 있는 물체를 보았는데, 그 사실을 주조종사에게 불분명한 말로 전달했고, 주조종사는 그에 대해 별로 신경을 쓰지 않았던 데에 사고의 원인이 있었다고 본 것이다. 즉, 부조종사는 서열의식 때문에 자기 의사를 명확하게 표현할 수 없었다는 것이다.

권위를 가진 자와 복종하는 자의 권위주의적 의식의 크기의 차이를 '권력격차'라고 하는데, 그 전문가는 영어권 사회나 스페인어권 사회는 권력격차가 작은 반면 아시아는 권력격차가 크고 특히 한국은 권력격차가 가장 크다고 분석했다. 따라서 그는 괌 추락사고와 같은 상황에 처했다 하더라도 조종사가 미국이나 영국 등 권력격차가 작은 사회 출신이었다면 사고가 나지 않았을 가능성이 훨씬 높았을 것이라고 얘기한다.

만일 공자가 충효(忠孝) 사상처럼 무조건적인 복종이나 가부장적 질서를 강조하지 않고 충(忠) 대신에 공익(公益)을, 효(孝) 대신에 상대방에 대한 존중과 배려를 강조했다면 우리의 사고방식이 많이 달라지지 않았을까? 서열을 강조하면 높은 서열에 있는 사람은 안하무인 식의 행동을 하기 쉽고, 서열이 낮은 사람은 까닭 없이 주눅들기 쉽다. 공맹사상은 전체적으로 보면 무엇무엇을 어떻게 해야 한다는 당위(當爲)만을 이야기함으로써 사고판단의 자유를 위축시키고 사회의 발전을 저해하는 사상을 강조하고 있다.

공자는 일생 동안 자기의 정치적인 주장을 현실화하지 못했다. 그의 주장은 국가를 이끌어 가거나 사회를 구성하는 각 주체 간의 갈등을 조정하는 데에는 적합하지 않기 때문에 당시의 군주(君主)들이 그를 발탁하지 않은 것을 다행으로 여겨야 할지도 모른다. 그럼에도 불구하고 수많은 사람들을 탄복하게 만들어 그를 따르도록 한 것은 그의 주장이 개인의 수양을 위해서는 한 편으로 훌륭한 길잡이가 될 수도 있기 때문이다. 그러나 그의 주장을 현실 사회에 적용하게 되면 혼란을 넘어 해롭기까지 하다.

상명대학교 중어중문학과 교수인 김경일은 '공자의 도덕은 사람을 위한 도덕이 아닌 정치를 위한 도덕이었고, 남성을 위한 도덕이었고, 어른을 위한 도덕이었고, 기득권자를 위한 도덕이었고, 심지어 주검을 위한 도덕이었다'라고 하면서, 그 때문에 '공자의 도덕을 딛고 선 유교문화는 정치적 기만과 위선, 남성적 우월, 젊음과 창의성의 말살, 그리고 주검 숭배가 낳은 우울함으로 가득할 수밖에 없었다'고 말한다.

_〈공자가 죽어야 나라가 산다〉, 김경일 著, 바다출판사, 1999

여기에서는 공맹사상을 사회에 적용했을 때 발생하는 문제점을 살펴보고자 한다. 여기서 사례로 인용한 공자의 말은 <도설천하 논어>(박영환·

안성재 譯, 시그마북스, 2014)에서 발췌한 것임을 밝혀 둔다.

정치의 지향점이 도덕적 완성에 있음

공자는 처음부터 끝까지 도덕에 대해 이야기한다. 심지어 정치에 대해서조차도 도덕의 관점에서 주장을 펼친다. 사회는 공정성 혹은 정의(正義)가 최우선 덕목인데, 도덕적 견해를 사회에 적용하면 공정성 또는 정의를 훼손하게 된다. 도덕이란 객관적으로 인정할 수 있는 잣대가 있을 수 없기 때문에 도덕에 의한 정의를 강조하게 되면 그 도덕적 기준에 대한 권위를 가지고 있는 자 혹은 계층이 해석에 대한 권한을 독점하게 되고, 이것은 그들에게 유리한 해석으로 치우치게 하기 때문이다.

또한 공자는 군대를 운용하는 일에 대해서는 알지 못한다고 했는데, 그렇다면 나라를 무슨 수단으로 지킬 수 있다는 말인가? 침략해 오는 적을 덕(德)으로 대하면 그들이 스스로 잘못을 뉘우치리라는 것인가? 강화도조약 체결 직후 수신사로 일본에 다녀온 김기수의 말을 다시 한 번 들어 보자. '우리가 은혜로써 회유하고, 의리로써 제재하며, 정도(正道)로써 굴복시키고, 신의로써 화호(和好)를 맺는다면 일본은 우리에게 순치(脣齒)가 되고 병한(屛翰)이 될 것이다.' 과연 우리가 지극한 마음만 가진다면 완전한 세상이 펼쳐질까? 그 이전의 역사에서 그렇지 않다는 것이 무수히 반복되었는데도 왜 우리는 그러한 사고방식에서 벗어나지 못했을까? 지금은 어떤가?

이와 관련된 공자의 말을 몇 가지 들어 본다.

『공자께서 말씀하셨다. "덕으로써 정치를 해야 한다. 비유하자면 마치 북극성이 일정한 곳에 있고, 뭇별들이 북극성을 둘러싸고 돌고 있는 것과 같은 것이다."』 _爲政편

『정공(定公)이 물었다. "임금이 신하를 부리고, 신하가 임금을 섬김에 있어 어떻게 해야 합니까?" 공자께서 말씀하셨다. "임금은 예로써 신하를 부려야 하고, 신하는 충으로써 임금을 모셔야 한다."』 _八佾편

『위령공이 공자에게 진을 치는 법에 대해 묻자 공자께서 대답하셨다. "제사에 관한 일은 들었습니다만, 군대의 일은 배우지 못했습니다." 그리고 다음 날 떠났다.』 _衛靈公편

용어의 정의가 불명확하여 자의적(恣意的) 해석이 가능함

공자의 말은 용어에 대한 정의(定義)가 없이 상대방에 따라 다른 방식으로 얘기하기 때문에 뜻을 명확하게 이해할 수 없다. 따라서 해석하는 사람의 의도에 따라 얼마든지 다양한 방식으로 설명이 가능하기 때문에 의식의 공유나 토론이 이루어질 수 없어 사회생활에는 소용이 없다. 군자(君子)에 대해 설명한 말들을 들어 보자.

『공자께서 말씀하셨다. "군자는 다른 사람과 다툴 것이 없다. 만약 있다면 반드시 활 시합일 것이다. 시합 전에 서로 읍한 후에 경기에 임하고, 경기 후 내려와서는 함께 술을 마신다. 이것이 바로 군자의 다툼이다."』 _八佾편

『사마우가 군자에 대해 물었다. 공자께서 말씀하셨다. "군자는 근심하지 않고 두려워하지 않는다." 사마우가 말했다. "근심하지 않고 두려워하지 않으면 군자라고 할 수 있습니까?" 공자께서 말씀하셨다. "안으로 성찰

하여 잘못이 없는데 어찌 근심하고 두려워하겠는가?"』 _顏淵편

『공자께서 말씀하셨다. "군자는 태연하지만 교만하지 않고, 소인은 교만하지만 태연하지 않다."』 _子路편

『공자께서 말씀하셨다. "군자는 의를 바탕으로 삼고, 예로써 행하며, 공손하게 드러내고, 믿음으로 완성해야 한다."(이것이) 군자다."』 _衛靈公편

『공자께서 말씀하셨다. "군자는 아홉 가지 생각이 있다. 명확하게 볼 것을 생각하고, 충실하게 말할 것을 생각하고, 정성스럽게 일할 것을 생각하고, 의문이 생기면 물을 것을 생각하고, 화가 나면 후환을 생각하고, 얻을 것을 보면 의를 생각한다."』 _季氏편

군자에 대해 설명한 위의 말을 아무리 종합해 보려 해도 할 수가 없다. 모든 경우의 말이 전혀 다른 이야기이기 때문에 종잡을 수가 없기 때문이다. 그가 한 말이 아름다울지는 모르나 쓸모가 없다는 것은 이를 두고 하는 말이다. 토머스 홉스는 불합리한 결론에 이르는 이유 중 하나로 '적절한 말 대신에 은유나 비유 그 밖의 수사적(修辭的)인 말을 사용하는 것'과 '아무런 의미도 없는데 남의 말을 그대로 외워서 따르는 것(홉스는 아무런 의미도 없는데 스콜라 철학으로부터 빌려 와 그대로 외워서 배운 명사들을 사용하는 것이라고 말함)'이라고 했다. 공자의 말이 여기에 꼭 들어맞지 않은가?

인(仁)에 대한 공자의 말을 들어 보자.

『안연이 인에 대해 물었다. 공자께서 말씀하셨다. "자기를 이겨내고, 예를 회복하는 것이 인을 행하는 것이다. 하루라도 자기를 이겨내고 예를 회복하면 천하가 인을 회복할 것이다. 인을 행하는 것은 자기로부터 비롯되는 것이지 남으로부터 비롯되는 것이겠는가?" 안연이 말했다. "그 강평을 듣고 싶습니다." 공자께서 말씀하셨다. "예가 아니면 보지 말고,

예가 아니면 듣지 말며, 예가 아니면 말하지 말고, 예가 아니면 행하지 말라." 안연이 말했다. "제가 비록 민첩하지는 않으나 이 말씀을 섬기도록 하겠습니다."』 _顔淵편

『사마우가 인에 대해 물었다. 공자께서 말씀하셨다. "인이라는 것은 그 말을 참는 것이다." 사마우가 말했다. "말을 참으면 인이라고 할 수 있습니까?" 공자께서 말씀하셨다. "실행하기가 어려운 법이니, 말하기를 참지 않을 수 있겠는가?"』 _顔淵편

『번지가 인에 대해 묻자 공자께서 말씀하셨다. "거처할 때에는 공손히 하고, 일을 할 때에는 정성껏 하며, 남과 함께 할 때에는 충심으로 해야 한다. (그러면) 비록 오랑캐 나라에 가더라도 버려지지 않는다."』 _子路편

『자공이 인에 대해 물었다. 공자께서 말씀하셨다. "장인은 일을 잘하려면 반드시 먼저 그 연장을 날카롭게 한다. 이 나라에 살면서 대부 중에 현명한 이를 섬기고, 선비 중에 어진 이를 벗으로 삼는 것이다."』

_衛靈公편

『자장이 공자에게 인에 대해 물었다. 공자께서 말씀하셨다. "다섯 가지를 천하에 행할 수 있으면 인을 행하는 것이다." (자장이) 그것을 청해 물었다. (공자께서) 말씀하셨다. "정중함, 관대함, 믿음, 근면함, 은혜로움이다. 정중하면 모욕을 당하지 않고, 관대하면 많은 사람을 얻게 되며, 믿음이 있으면 남들이 맡기고, 근면하면 공헌을 하게 되며, 은혜로우면 족히 사람을 부린다."』 _陽貨편

인(仁)이라는 것이 무엇을 뜻하는지 알게 되었는가? 나는 도무지 무슨 말인지 알 수가 없다. 공자가 말하는 방식은 위와 같다. 애매모호한 공자의 말을 몇 가지 더 들어 보고 넘어가기로 하자.

『자로가 정치에 대해 묻자 공자께서 말씀하셨다. "앞에 서고 부지런해야 한다." 보충해 달라고 청하자 공자께서 말씀하셨다. "해이하면 안 된다."』

__子路편

『자하가 거보(莒父) 지방의 원님이 되어 공자께 정치에 대해 묻자 공자께서 말씀하셨다. "빨리 하려 하지 말고, 작은 이익을 보지 말아야 한다. 빨리 하고자 하면 도달할 수 없고, 작은 이익을 보면 큰 일을 이룰 수 없다."』

__子路편

『공자께서 말씀하셨다. "삼(參)아! 나의 도는 하나로 꿰어져 있다." 증자가 "예."라고 대답하였다. 공자께서 나간 후 제자들이 물었다. "무엇을 말씀하셨습니까?" 증자가 대답하였다. "스승님의 도는 충(忠)과 서(恕)일 뿐입니다."』 __里仁편

인식의 한계에 대한 무지(無知)

먼저 공자의 이야기를 들어 보자.

『자장이 질문하였다. "이후 10개 왕조의 예악제도를 알 수 있습니까?" 공자께서 다음과 같이 대답하셨다. "상(商) 왕조는 하(夏)나라의 예의제도를 계승하여 감소와 증가가 있었는데 알 수가 있다. 주(周)나라는 상 왕조의 예의제도를 계승하였으며 감소와 증가가 있었는데 알 만한 것이다. 장래 주나라를 계승하는 왕조가 있으면, 비록 백세를 지나더라도 역시 알 수가 있다."』 __爲政편

『재아가 물었다. "3년상은 기간이 깁니다……." 재아가 밖으로 나가자 공자께서 말씀하셨다. "재아는 참으로 어리석구나! 자식이 태어나 3년이 지난 뒤에야 부모의 품에서 벗어날 수 있는 것이다. 3년상은 세상의 어느 누구도 바꿀 수 없는 공통된 상이다. 아마도 재아는 부모에게 3년의 사랑을 받지 못했나 보구나."』 __陽貨편

한 세대를 20년으로 치더라도 백 세대라면 2천년이 되는데, 공자는 당시의 예약제도를 보고 2천년 후의 예악제도를 알 수 있다고 말한다. 그의 말이 얼마나 허황된 것인지 알 수가 있다. 또한 3년상과 3년의 육아기간이 무슨 상관이 있는가? 이와 같은 말은 이성의 한계를 알지 못한 데에서 비롯된다. 이성의 논리추리에 의해 세상의 모든 것을 이해할 수 있다는 사고에서 나타나는 현상인데, 이에 대해서는 '1. 이성의 한계, 능력의 한계'에서 이야기했으므로 더 이상의 설명은 생략한다.

이미 정답이 존재하기 때문에 변화는 불필요하다는 사고방식

술이부작(述而不作, 저술만 할 뿐 창작하지 않음)이라는 말이 의미하는 바와 같이 옛것을 따르고 그에 의해 자신을 닦아 나가면 된다는 것이 공자가 주장하는 또 하나의 요체다. 술이부작의 뜻을 인터넷에서 찾아보면 '선인(先人)의 업적을 이어 이를 설명하고 서술만 할 뿐 새로운 부분을 만들어 첨가하지 않는 태도'라고 나와 있다. 공자의 말에는 옳은 것이 무엇인지 이미 정해져 있고, 자신은 그것을 깨우쳐 단지 설명만 할 뿐이라는 의미를 담고 있다.

옳은 것이 무엇인지 이미 정해져 있다고 보는 사고 자체가 크나 큰 오류이며, 만약 그것이 사실이라면 발전은 기대할 수도 없을 것이다. 사실 그러한 사고방식 때문에 발전이 무척 더디기는 했다.

또한 그러한 생각은 가부장적이고 권위주의적인 문화를 만들어 내는 바탕이기도 하다. 무언가 정답이 이미 존재하고 있고, 그것을 어른들이나 권위자가 알고 있으니 그에게 무조건 복종해야 한다는 뜻을 내포하고 있기 때문이다. 공자가 말하는 충효(忠孝)의 진정한 의미가 바로 이것이다. 옛 것을 따를 뿐 창작은 불필요하다는 사고방식, 이것은 사회발전에 장애물로 작용하고 서열주의와 권위주의의 문화를 만들어 냈을 뿐이다.

공자의 말을 들어 보자.

『공자께서 말씀하셨다. "나는 전술(傳述)만 하고 창작하지 않으며, 옛 것을 믿고 좋아한다. 나는 가만히 노팽(老彭, 늙은이)에게 견주어 본다."』

__述而편

『안연이 나라를 다스리는 방법에 대해 물었다. 공자께서 말씀하셨다. 하나라의 역법을 쓰고, 은나라의 수레를 타며, 주나라의 예모(면류관)를 쓰고, 음악은 소악과 무악으로 한다. 정나라의 음악을 물리치고, 아첨하는 이를 멀리 한다. 정나라의 음악은 음란하고, 아첨하는 사람은 위험하다.』

__衛靈公편

『자공이 말했다. 군자 역시 미워하는 것이 있습니까? 공자께서 말씀하셨다. 미워하는 것이 있다. 타인의 과오를 퍼뜨리는 사람을 미워하고, 밑에 처해 있으면서 윗사람을 비방하는 사람을 미워하며, 용감하지만 무례한 사람을 미워하고, 과감하지만 막힌 사람을 미워한다.』 __陽貨편

남을 비방하는 행위는 분명 나쁜 것이다. 그런데 아랫사람이 윗사람을 비방하는 것은 나쁜 일이고, 윗사람이 아랫사람을 비방하는 것은 나쁜 일이 아닌 것인가? 공자는 마치 그런 것처럼 이야기한다. 공자의 사상이 군주를 위한 사상이고 기득권자를 위한 사상이라는 것은 위와 같은 예를 두고 하는 말이다. 거기에는 상호 존중이라는 의미가 없기 때문이다.

공맹사상에서 벗어나는 것이 사회를 발전시킬 수 있는 밑받침이다

공맹사상을 사회에 적용하려 할 때 발생하는 문제점에 대해 몇 가지를 살펴보았다. 이러한 문제점은 밖으로 직접 드러나기보다는 사고방식의 바탕에 깔려 있어서 쉽게 인식할 수는 없지만 우리가 판단을 내리는 모든 일에 영향을 미치기 때문에 매우 중요하게 다루어져야 한다. 공맹사상을 사회에 적용할 때의 문제점은 이 외에도 더 많이 있을 것이다. 사실상 나는 공자의 사상 중에 사회에 적용할 만한 것은 없다고 본다. 사회질서를 유지하는 데에 기여한 부분이 있다고 볼 수도 있는데, 유교적 질서의 중심축인 가부장적 사고에 의한 질서는 아무리 늦게 잡아도 17, 18세기쯤에 그 효용이 다했으며, 그 이후로는 효용보다 폐단이 더 컸으리라고 본다.

특히 우리나라는 지금까지도 유교의 영향 하에 머물러 있기 때문에 더 큰 피해를 입었을 것이다. 중국은 청나라 시기에 주자학 사상에서 벗어나 앎과 행동이 일치해야 한다는 지행합일(知行合一)을 주장한 양명학 사상으로 바뀌었고, 일본은 150여년 전에 메이지 유신을 추진하면서 유교 도덕을 버렸다. 우리만 여전히 유교 사상이 우리 것이라고 하면서 보물처럼 끌어안고 있는 것이다. 사고(思考)가 사람을 지배하기 때문에 짧은 시일 내에 유교 사상에서 벗어나기는 어려울 것이다. 그러나 우리 사회를 좀 더 발전시키고 행복한 삶을 살기 위해서는 유교의 영향력에서 벗어나야 한다.

앞서 '1. 이성의 한계, 능력의 한계'에서 우리가 삶의 과정을 문제풀이가 아니라 정답찾기로 보았기 때문에 제도의 발전이 늦어졌다는 얘기를 했는데, 이의 뿌리는 공맹사상에 있다. 현실에 완벽함이 존재하기 때문에 그것, 즉 정답을 찾으면 모든 것이 해결된다는 사고체계를 주장했기 때문에 정답을 찾기 위한 과정은 필요 없다는 생각을 가지게 된 것이다. 사회에서 문제를 풀어가는 과정은 제도(制度)다. 사회에서 정답은 없다.

또한 공자는 '술이부작(述而不作)'을 얘기하면서 모든 것은 앞선 세대에서 다 이루어졌으니 자신은 그것을 깨우쳐 설명할 뿐이라는 주장을 했다. 삶이란 끊임없는 문제풀이의 과정인데, 그는 문제풀이는 앞선 세대에서 다 끝났으니 현 세대는 따르기만 하면 된다고 주장함으로써 창의성을 말살해 버렸다. 아울러 이는 자연스럽게 가부장적 질서를 이끌어 내게 함으로써 인간 정신의 자유를 구속해 버렸다.

그리고 공자의 이야기에서는 사회에 꼭 필요한 덕목인 정직성에 관한 것이 거의 없다. 사회는 이해충돌의 장이기 때문에 정직하지 않으면 공정한 판단을 내릴 수가 없고, 문제가 생겼을 때 그 원인을 찾기 위해서 많은 노력을 들여야 하므로 대단히 비효율적인 사회가 만들어진다. 앞서 갑을문화의 폐해를 이야기했는데, 갑을문화도 그 밑바탕에는 부정직한 사고방식이 깔려 있는 것이다. 정직이라는 사고방식이 뒷받침되지 않으면 사회발전은 기대하기 어렵다.

사회의 중요한 덕목은 공정과 정의인데, 공맹사상은 이를 도덕을 통해 이루려고 했을지 모른다. 그러나 도덕은 결코 공정함과 정의를 이끌어 내지 못한다. 물론 세상에 완전한 도덕이 실현된다면 공정함과 정의는 이미 이루어진 상태이겠지만, 그러나 현실은 도덕이 아니라 이해충돌이 지배하고 있다. 이상(理想)은 현실이 아니며, 전제(前提)가 잘못되어 있다면 결론도 잘못되기 마련이다.

4 갑을문화의 메커니즘과 탈피 방안

제2부의 '3. (설계/설계관리 역량의) 문제점이 드러나지 않은 이유와 갑을문화'에서 정상적인 업무개선이 이뤄지지 않는 데에는 갑을문화가 배경에 자리하고 있고, 그에 따라 여러 가지 문제점이 생겨난다는 데에 대해 이야기했다. 그 주요 내용을 요약하면 다음과 같다.

- 갑을문화의 권위주의적 성격 때문에 '갑'에게 '을'이 정당한 주장을 할 수 없어 프로젝트 진행 중 발생한 각종 오류와 낭비에 관한 자료가 남겨지지 않으며, 지적(指摘) 위주의 감사 관행 때문에 프로젝트 진행과정 및 결과에 관한 기록물에도 문제점은 기록되지 않는다.
- 오류나 낭비에 관한 기록이 없기 때문에 통계자료를 만들 수 없고, 이로 인해 제대로 된 업무개선이 이뤄지지 않는다. 정말로 중요한 문제일수록 더 철저하게 은폐되므로 지엽말단적인 부분만 개선이 이루어지는데, 이는 근본 해결책이 아니어서 끊임없이 재발한다.
- 갑을문화는 '을'에게는 금전적 피해와 무능화를 초래하게 하여 해롭고, '갑'에게도 부패와 무능화를 초래하게 하여 역시 해로운 영향을 미친다. 따라서 정상적인 발전을 기대하려면 '을'뿐만 아니라 '갑'의 입장에서도 갑을문화에서 벗어나야 한다.
- 해외 프로젝트는 갑을문화가 아니라 클레임에 의해 업무조정이 이루어지므로 우리 방식대로 업무를 진행하면 상당한 혼란과 금전적인 손해를 초래한다. 이를 해결하기 위해서는 체계적 프로젝트 관리 방법론의 적용과 클레임에 대한 적극적인 대응이 필요한데,

갑을문화의 환경에서는 이를 기대하기 힘들다. 근본적인 문제점이 드러나지 않기 때문이다.

- 갑을문화는 악순환의 고리를 가지고 있어 쉽게 개선하기 어려우며, 이는 상대방을 대하는 사고방식이 바뀌어야 개선이 가능하다(우리의 사고방식의 밑바탕에 자리잡고 있는 뿌리 사상에 대해서는 제4부의 '1. 이성의 한계, 능력의 한계', '2. 개인과 사회', '3. 공맹의 가치, 그리고 위험성'에서 설명했다).

해외 사업에서 대규모 적자를 기록한 건설사에서는 적자의 주요 원인이 공기지연과 저가수주에 있다고 발표했다. 그러나 그것이 얼마나 정확한 분석인지는 아무도 모른다. 그에 관한 통계자료가 없기 때문이다. 공기지연이 무엇에 의해 발생했는지, 그리고 저가수주라면 어느 정도가 적정한 수주가격인지 확인할 수 있겠는가? 향후 우리가 실패를 반복하지 않으려면 정확한 원인과 영향의 정도를 알아야 대처할 수 있을 텐데, 이와 같은 세부통계가 없으면 무엇을 어떻게 개선해야 하는지 알 수가 없다. 갑을문화 환경에서는 세부적인 통계가 나올 수가 없다. 따라서 위와 같은 실수는 앞으로도 반복될 것이다. 혹은 몸조심을 하느라 해외 수주가 급감하거나.

앞에서도 이야기한 바 있지만, 모든 일에는 오류와 낭비가 반드시 따른다. 특히 E&C 프로젝트와 같이 일회성으로 수행되는 일에는 오류와 낭비의 규모가 타 산업에 비해 상당히 크다. 그것이 정상이다. 그런데 그러한 오류에 대한 통계가 없으면 개선은 불가능하다. 혹은 가능하다 하더라도 업무개선의 효율이 지극히 낮을 것이다. 중요한 것은 놔두고 엉뚱한 부분을 개선한다고 노력을 쏟아 부을 테니까(이것은 실제로 일어나고 있는 현상이다).

여기에서는 갑을문화가 생겨나게 된 배경과 여기에서 파생되는 영향의 메커니즘을 살펴보고, 갑을문화에서 벗어나는 방안을 검토해 보기로 하자.

오류의 노출이 중요한 이유

무언가를 개선하려면 먼저 잘못된 것이 무엇인지를 정확히 파악해야 한다. 너무도 당연한 이 말을 몇 번씩 반복하는 이유는 우리가 이를 잘 알고 있으면서도 실제로는 여러 방면에서 이와 반대되는 사고와 행동을 하고 있기 때문이다. 갈등이 발생하거나 이해관계가 충돌하는 모든 일에서 우리가 하는 행동은 가능한 한 끝까지 잘못을 은폐하도록 만든다. 의료분쟁에 관해 조선일보에 실렸던 기사를 살펴보도록 하자.

> 의료진은 실수가 있었을 경우에는 자신들이 의도하지는 않았지만 어떤 과정에서 문제가 있었는지, 무엇이 미흡했는지를 대개는 안다. 이럴 때 빨리 상황을 인정하고, 진정한 위로를 표시하고, 그 다음 후속조치를 적절히 취하면 환자 상태가 회복할 수 없는 단계까지 가는 것은 줄일 수 있다. …… (중략)
> 하지만 법적 책임에 대한 두려움으로 피할 수 있다면 피하고 싶은 심정으로 잠자코 있다가 걷잡을 수 없는 상황이 되곤 한다. …… (중략) ……
> 의료분쟁이 났을 때 가장 위험한 것은 의사의 침묵이다. 환자 상태를 정확히 알고 있을 의사가 책임을 면할 궁리만 한다면 환자에게는 치명적이다. …… (중략)
> 미국에서는 의료분쟁 시 병원과 의료진이 환자 측에 사과한다고 해서 그것이 잘못을 인정한 법적 증거로 이용되지 않도록 하는 법안을 운영한다. 이른 바 '미안합니다 법'(I am sorry law)이다. …… (중략) …… 이 법안의

> 근본 목적은 어떤 상황에서건 환자를 보호하고, 감정싸움으로 불필요한 의료소송이 남발되는 것을 줄이자는 데 있다. 현재 '미안합니다 법'은 미국 50개 주(州) 중에서 40개 가까운 주에 도입됐다. 같은 맥락에서 선진국 병원은 의료진이 자신의 실수나 과오를 자발적으로 보고하면 그에 대한 책임을 묻지 않는 제도도 운용한다. …… (중략)
> **의도하지 않게 나오는 실수나 과오가 빈발하거나 반복되지 않게 촘촘한 방어체계를 갖추는 게 중요하다. 그러려면 어디서 어떤 실수가 자주 나오는지를 파악해야 하고, 이를 토대로 진료 시스템을 개선해야 한다.** 환자에게 약을 잘못 줬을 뻔한 경우, 검사물이 바뀔 뻔했던 상황 등 실제 (사고로) 일어나지 않았던 것까지 모두 (의료당국에) 보고하도록 하고, 그 실토를 나무라지 않는다. 미국 연방법 또한 이렇게 취합된 사례 통계나 자료는 의료소송의 증거로 활용될 수 없다고 못 박고 있다. …… (중략) 궁극적으로 이런 법안들은 의료인의 보호를 위한 것이 아니라 환자들을 위한 것이다. **_조선일보 2014.11.4, '김철중의 생로병사 의사의 침묵이 의료분쟁을 키운다', 의학전문기자 김철중**

이것은 의도적인 잘못이나 무자격자의 의료행위 등 불법적인 것까지 보호하자는 내용이 아니다. 최선을 다 해도 결과가 좋지 않을 수 있고 상황에 따라 불가피한 실수도 발생할 수 있는데, 그러한 것들까지 처벌하거나 불이익을 주면 오류의 노출을 기피하게 되고 이는 오류를 반복적으로 발생하도록 함으로써 결국은 모두에게 피해를 주기 때문에 범죄적인 행위가 아니라면 적극적으로 오류를 노출시키도록 하자는 것이다.

갑을문화의 메커니즘 – 갑을문화가 미치는 영향

갑을문화의 메커니즘은 ① 갑을문화가 만들어지게 된 배경, 그리고

② 갑을문화로 인한 영향 등 두 가지로 구성된다. 이 중 우리가 업무를 수행하는 데 있어 갑을문화가 미치는 영향에 관해 먼저 살펴보기로 하자.

갑을문화는 오류나 낭비가 발생한 사실을 은폐하도록 만든다. 갑을문화는 권위주의적 사고방식에서 비롯되는 것이어서 갑과 을 사이에 정상적인 의사소통을 가로막는다. 이러한 상황에서 사건이 발생했을 때 그에 관한 해석은 권한을 가진 갑이 거의 독점하게 되는데, 여기에서 오류나 낭비를 은폐하려는 행위가 발생한다. 또한 갑이 감사(監査)나 사정기관(査定機關) 등 자신에 대해 갑의 역할을 하는 당사자를 의식하여 오류나 낭비를 은폐하려 하는 경우도 많다.

오류나 낭비를 은폐했을 때에는 두 가지 문제점이 발생한다. 하나는 오류나 낭비의 유형(類型)과 규모를 알 수 없다는 점이고, 다른 하나는 그러한 오류·낭비의 책임이 누구에게 있는 것인지가 불명확해진다는 점이다. 이 두 가지는 각각 다른 문제를 유발한다.

- 오류·낭비의 유형과 규모가 명확하지 않으면 무엇을 어떻게 개선해야 하는지 알 수 없게 된다. 그럼에도 불구하고 일의 결과에 문제가 발생하면 사후 조사를 실시하게 되는데, 여기서 밝혀낼 수 있는 것은 절차나 기준을 지키지 않았거나 업무의 객관성이 부족한 것들을 주로 지적할 뿐 의사결정이 잘못된 사항에 대해서는 인과관계 파악이 어려워 지적되는 경우가 별로 없다. 또한 오류·낭비에 관한 기록은 남기지 않기 때문에 이러한 사항을 파악하는 것이 원천적으로 불가능한 경우도 있다. 따라서 정말로 중요한 문제는 숨겨지고, 제대로 된 개선활동이 이루어지지 않으며 주로 보여주기 위한 단편적 개선활동에 치중하게 된다.

  이것은 결국 조직의 파편화를 가져온다. 업무 수행 환경을 제대로 만들어 주려면 업무의 체계화가 필요한데, 그러한 활동에 필요한 자료를 확보하기 어려워 아예 인식조차 하지 못하는 현상이 발생하기 때문이다. 그 결과 중 하나의 현상이 현재 우리의 프로젝트 관리방식이다. 조직이 유기적인 활동을 통해 시너지 효과를 나타나도록 하려면 체계적 관리방식이 필요한데, 현재 우리는 임기응변적 관리방식에 의존하고 있는 것이다('임기응변적'이라는 말은 사실상 관리 방법론이 없다는 것을 의미한다).

- 오류·낭비의 책임소재가 명확하지 않으면 각자 자신의 본연의 역할에서 점차 멀어지는 행위를 하게 된다. 이것이 앞에서 지적한 것보다 더 큰 문제인지도 모른다. 본래 주어진 역할을 하지 않는다면 그 조직의 존재 의미가 없어지는 것이기 때문이다. 물론 주어진 역할을 하지 않더라도 조직은 굴러갈 수 있다. 권한이 있기 때문이다. 권한을 활용해서 일을 수행하는 것이다. 다만 그 일의 효과나 효율이 떨어진다는 문제는 있지만 어쨌든 일은 완성된다.

  이런 사례는 무척 많다. 일본의 자동차 산업이 세계적으로 한창 떠오르던 1990년대에 이런 이야기가 있었다. 자동차 산업이 발전하기 전에 정부에서 자동차 산업 진흥정책을 내 놓지 않은 것이 발전의 원동력이 되었다는 것이다. 만약 자동차 산업이 발전하기 전에 정책을 추진했더라면 인위적인 구조조정을 통해 경쟁력 없는 기업을 살리려 했을 텐데, 그렇게 진행되었다면 자동차 산업의 발전도 억제되고 세계시장에 대한 경쟁력도 키워지지 않았을 것이라는 이야기다.

  그런데 만약 일본 정부가 자동차 산업에 일찍 관여하는 바람에 자동차 산업의 경쟁력이 키워지지 않았다면 어떻게 되었을까? 자동차 산업이 없어지거나 해당 정부 조직이 없어졌을까? 아마 그렇지 않았을 것이다.

비록 효율이나 효과가 떨어지기는 했겠지만 그래도 자동차 산업은 남아 있을 것이고, 해당 정부 조직도 남아 있었을 것이다. 바로 그러한 이유 때문에 권한만으로도 일이 굴러가고, 효율이 낮은 조직 혹은 국가도 그럭저럭 존속하게 되는 것이다. 다만 효율이나 효과가 형편없을 정도로 낮아진다면 달라지기는 하겠지만.

이와 같은 일은 어떤 문제가 발생했을 때 책임소재가 불명확한 데에서 비롯되며, 이는 정직하지 못한 사회일수록 심하다. 프랜시스 후쿠야마 교수가 발전 수준의 척도로 신뢰(Trust)를 꼽은 이유가 바로 여기에 있다.

책임소재가 불명확한 상태가 지속될수록 갑과 을에게 점차 해로운 영향이 미치게 된다. 갑에게는 부패와 무능화라는 영향이, 그리고 을에게는 금전적 손해와 무능화라는 영향이 점차 커지는 것이다. 최근 국정감사에서 방위사업청의 문제가 드러났는데, 이런 사례가 책임과 권한이 균형을 이루지 못했을 때 어떤 문제가 발생할 수 있는지를 잘 보여 준다. 권한은 많지만 책임은 지지 않는다든가, 혹은 책임과 권한이 모두 주어졌을 때 책임을 회피하면서 권한만 행사하려 할 때 이와 같은 문제가 발생한다.

이러한 문제는 시간이 흐를수록 심화되는 경향을 보이는데, 이는 해당 조직의 인적 구성이 점차 바뀌기 때문이다. 처음에는 업무에 적합한 전문지식과 경험을 갖춘 사람들이 주축이 되어 조직을 구성하지만, 제대로 신경을 쓰지 않으면 업무의 틀이 잡히고 난 후 행정 업무만을 위해서, 혹은 부패행위라는 목적을 위해 전문지식을 단지 수단으로 사용하려는 사람들로 바뀌기 때문에 문제가 심화되는 것이다. 이러한 현상이 더 진전되면 실무자 계층까지도 이러한 분위기에 물들게 되는데, 그런 상태까지 가면 조직의 무능화가 완성되는 것이다.

이러한 현상은 단발적 조사나 조치만으로는 해소되지 않는다. 보통 이런 문제가 있다면 한두 군데만의 문제가 아니라 사회 전반에 만연해 있는 것이 보통이다. 항상 책임소재가 명확해지도록 업무체계나 문화가 뒷받침되어야 하는 이유가 바로 이 때문이다. 책임소재가 불명확한 데에서 발생하는 문제점은 조직 전체에 영향을 미치기 때문에 더 중요한 것이라고 볼 수 있다.

지금까지의 설명을 그림으로 나타내면 다음과 같다.

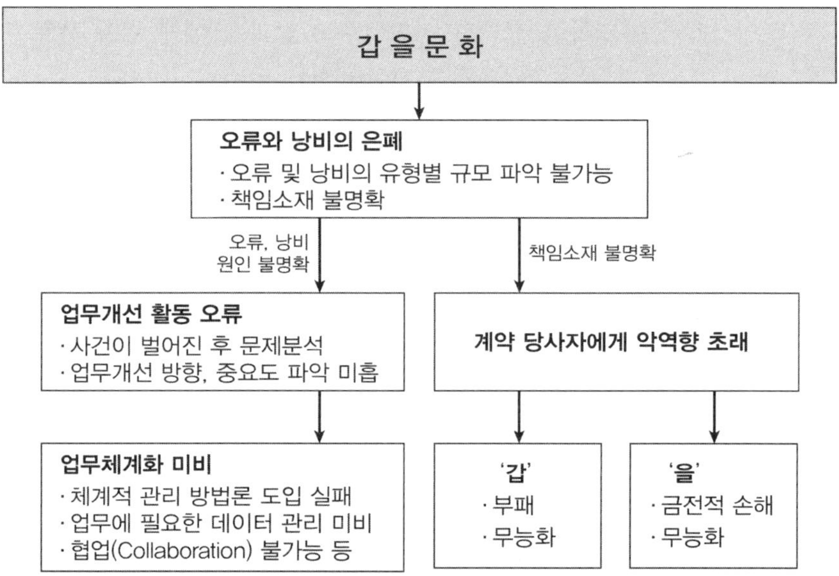

갑을문화의 메커니즘 – 갑을문화의 형성 배경

'문화현상'의 배경을 명확하게 집어내기는 힘들다. 문화라는 현상은 사람들의 의식이나 사고방식, 역사적 사건, 지리적·지형적 환경, 국민의 기질 등 여러 요인이 결합되어 나타나는 것이어서 정의하기가 쉽지 않다. 여기에서는 주로 우리의 비즈니스 방식에 중점을 두어 갑을문화의 배경에 대해 살펴보고자 한다. 제4부의 '1. 이성의 한계, 능력의 한계'와 '2. 개인과 사회', '3. 공맹의 가치, 그리고 위험성'은 갑을문화의 배경을 탐색하기 위한 것이다. 이를 참조하여 이야기를 진행하도록 하겠다.

갑을문화에 대해서 전북대 신문방송학과 교수인 강준만은 한국인이 중독돼 있는 서열주의의 다른 이름이 바로 갑을관계라고 하면서 '갑을관계의 출발점은 관존민비(官尊民卑)다. 관존민비는 결코 옛날 이야기가 아니다. 오늘날의 갑을관계에서도 관(官)은 여전히 민(民)을 지배하는 갑 위치에 있기 때문이다.'라고 분석하고, 그 핵심은 적자생존(適者生存), 약육강식(弱肉强食), 우승열패(優勝劣敗)로 대변되는 사회진화론이 한국인 개개인에게 내면화된 데 있다고 보았다. _〈갑과 을의 문화〉, 강준만 著, 인물과사상사, 2013

또한 강준만은 같은 책에서 "윤치호는 조선 말기 공직의 타락을 유교 탓으로 돌렸다. 그가 남긴 1904년 5월 27일자 일기를 보면 공자가 '사람은 관직에서 군주를 섬기는 것이 최고의 의무'라 가르쳤고, 자기 스스로 '상가지구(喪家之狗)'처럼 관직을 추구했던 사실을 지적하면서 유교적 조선 사회의 이기적 관직 추구열을 신랄하게 비판했다."라고 인용했는데, 이는 유교사상이 우리사회에 얼마나 큰 폐단을 가져 왔는지를 나타내는 것이라고 본다. 그의 의견에 동감한다. 다만 그와 같은 의식이 뿌리를 내리게 된 데 대해 좀 더 깊이 살펴보는 것이 갑을문화에서 탈피하는 방안의 모색에 도움이 되지 않을까 생각하여 그 배경을 파고 들어가 보려 한다.

갑을문화의 바로 뒤에 자리잡고 있는 것은 가부장적이면서 권위주의적인 사고방식이다. 사람들이 모이는 자리에 가면 먼저 서열부터 확인하는데, 이는 가부장적 사고가 그대로 투영된 결과다. 서열을 확인하고 나면 그 때부터 분위기는 권위주의적으로 바뀐다. 말투가 달라지고 행동도 달라지는 것이다.

가부장적 사고와 권위주의적 의식이 단기적 관점에서는 나쁘지 않다. 과제를 빨리 해결하고자 할 때 이런 의식은 큰 도움을 줄 수 있다. 또한 긴급한 상황에 처했을 때 거기에서 벗어나는 데에도 좋은 수단이 될 수 있다. 그러나 빨리 가는 방법이 멀리까지 갈 수 있는 방법은 아니어서 장기적 관점으로 보면 부작용이 따른다. 서열이나 권위를 강조할수록 의사소통이 어려워지고 위선과 기만이 기승을 부리게 되는 것이다. 대한항공 여객기의 괌 추락사고는 권위주의적 의식이 의사소통에 얼마나 큰 장애물이 될 수 있는지를 여실히 보여준다. 아랫사람은 자신의 의사를 쉽게 표현하지 못해서 문제이고, 윗사람은 모든 것을 자기 마음대로 할 수 있다는 착각에 빠지도록 만드는 것이 문제이다.

일반적인 거래관계에서조차 의사소통이 불완전하다는 것은 계약서의 내용만 보아도 알 수가 있다. 동일한 내용의 계약 건에 대해 선진국일수록 계약서가 두텁다. 그 이유는 갑이 자신의 요구를 더 상세하게 작성하기 때문인데, 이는 을에게 그만큼 유리한 것이다. 갑이 자신의 책임을 명확하게 한 것이기 때문이다. 이에 비해 우리는 대부분의 요구사항을 증거능력이 없는 구두로 전달하고, 그나마 계약서에 있는 내용도 '… 등', '기타 이에 준하는 것' 등으로 두루뭉실하게 표현하여 문구에 대한 해석을 어렵게 만든다. 실제로 국제계약 관련 전문가는 두텁게 작성된 해외 계약서보다 얄팍한 우리나라의 계약서를 해석하는 것이 더 어렵다고 말한다. 용어의 정의도 애매하고 계약내용도 두루뭉실하기 때문에 명확한 의견을 제시할 수가 없다는 것이다.

이러한 문제를 예방하기 위해 을이 갑에게 요구사항을 좀 더 명확하게 해 달라고 요청하면 어떻게 될까? 갑은 이에 대해 검토하는 것이 아니라 거래 상대방을 바로 바꿔 버린다. 이와 같이 불합리한 일이 바로 권위주의적 의식에서 비롯되는 것이다.

가부장적 사고와 권위주의적 의식의 또 다른 폐단은 위선(僞善)과 기만(欺瞞)이 싹을 틔우도록 만든다는 것이다. 권위주의적 의식이 지배하는 사회에서는 무슨 일이건 논리보다 명분을 중요시하며, 명분으로는 대의(大義)와 예(禮)를 내세운다. 대의와 예는 이미 정해져 있는 것이어서 그것이 불합리하다 하더라도 그대로 이행해야 하기 때문에 토론이 필요 없고, 따라서 상호간의 의견을 교환한다는 의미의 의사소통도 필요가 없다. 그 결과 당연히 현실과 의사결정 내용 사이에 괴리가 생기고 그 간격만큼의 위선이 존재한다. 폭력적인 가부장(家父長), 강압적인 상사(上司), 군림하는 관(官), 안하무인 식의 갑(甲)과 같은 현상이 권위주의가 겉으로 드러난 모습이다. 이와 같이 권위주의 하에서는 필연적으로 위선이 따라 다니고, 그것은 곧 부정직함으로 이어진다.

권위주의적 사고방식의 뿌리에는 유교사상의 폐단이 자리잡고 있다. '3. 공맹의 가치, 그리고 위험성'에서 설명한 바와 같이 유교사상은 과거의 예(禮)를 따른다는 원칙이 세워져 있어 새로운 생각이나 발견을 불경(不敬)한 것으로 여긴다. 올바른 해답이 과거에 이미 존재한다는 생각은 가부장적 질서를 낳았고, 가부장적 질서를 사회에도 확대한 것이 권위주의적 문화다. 올바른 해답이 과거에 있다는 생각도 잘못된 것이지만, 개인과 사회를 혼동한 것 역시 유교사상의 치명적 약점이다. 이에 관해서는 '2. 개인과 사회'와 '3. 공맹의 가치, 그리고 위험성'을 참조하기 바란다.

문화의 배경과 그 문화가 낳은 영향을 살펴보는 것으로는 너무 간단하기는 하지만, 지금까지 설명한 갑을문화의 전체적 메커니즘을 그림으로 나타내면 아래와 같다.

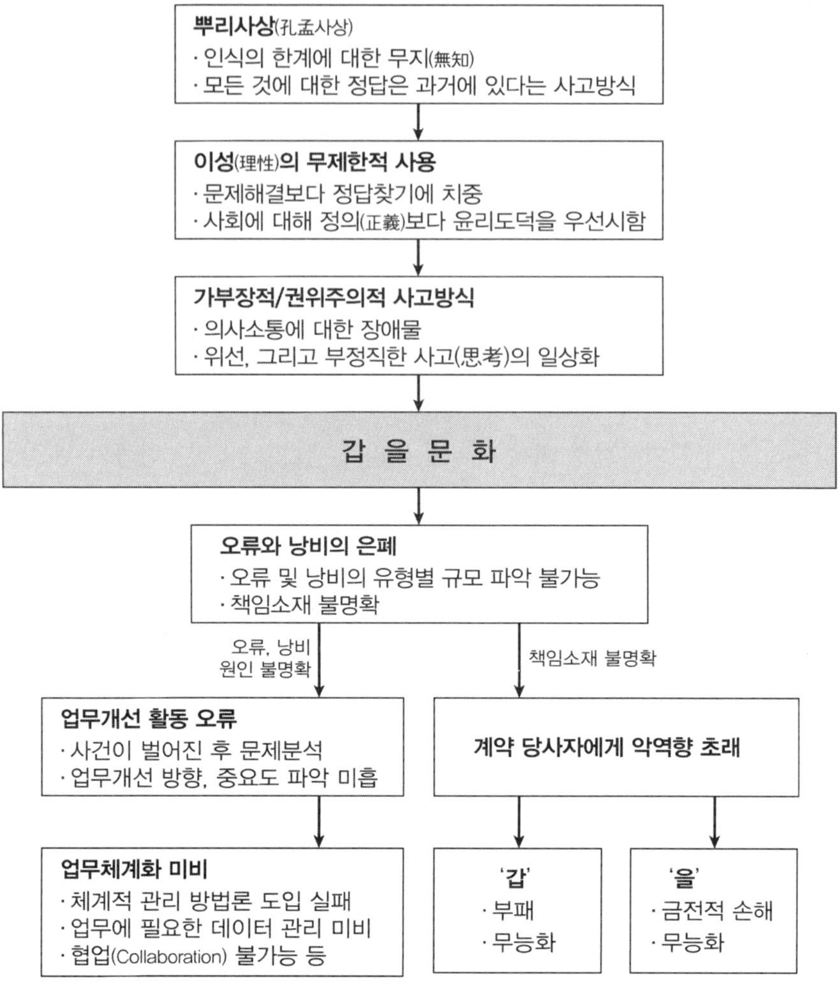

갑을문화의 탈피 방안

문화를 바꾼다는 것 역시 쉽지 않은 일이다. 제도나 절차 수립만으로 해결할 수 있는 것이 아니라 사람들의 사고방식을 바꾸고 이해관계까지도 조정해야 하기 때문이다. 어느 것 하나도 쉬운 일이 아니다. 그러나 핵심에 집중하면 의외의 수확을 거둘 수도 있다.

갑을문화에서 문제가 되는 세 개의 축(軸)은 '갑질의 횡포', '책임소재의 불명확성', 그리고 '부정직한 문화'이다. '갑질의 횡포'는 갑이 권위주의적인 사고방식에서 일방적인 주장을 일삼는다거나 본연의 역할에 충실하지 않은 것을 의미하며, '책임소재의 불명확성'은 잘못의 원인이 누구에게 있는지가 객관적으로 드러나지 않아 각 행위 주체가 무엇을 개선해야 하는지 알 수 없어 실효성 있는 개선활동이 이루어지지 못하는 것을 뜻한다. 그리고 '부정직한 문화'란 의식적·무의식적으로 부당한 행위를 하면서 사회적 신뢰를 해치는 사고방식과 행동을 의미한다. 갑을문화에서 벗어나는 방법에 대해 이 세 가지 내용을 중심으로 하여 살펴보기로 하자.

첫째, 갑질의 횡포에서 벗어나기

갑이 소위 '갑질'을 통해 횡포를 부리는 것은 자신의 업무실적 달성, 금품수수나 향응 등 개인적 만족, 혹은 감사(監査)나 지적(指摘)을 의식한 책임회피 등에 이유가 있다. 또한 갑질이 만연하는 것은 설사 잘못이 드러나더라도 적당히 넘어가거나 처벌이 극히 약하기 때문이다. 갑질은 사회 시스템의 효율을 떨어뜨려 생산성을 저하시키기도 하지만, 우리 모두가 누구에게는 갑이면서 또 다른 누군가에게는 을이어서 갑의 횡포는 우리 모두의 삶의 질을 떨어뜨리기도 한다. 갑질의 횡포에서 벗어나기 위한 방법에는 다음과 같은 것들이 있다.

- **해외를 포함한 거래처의 다변화**: 갑질은 근본적으로 공급 독점 혹은 수요 독점으로 인해 상대방에게 크게 의존할 수밖에 없는 상황에서 비롯된다. 공급 독점이든 수요 독점이든 독점은 시장경제의 원리를

훼손하여 시장이 제대로 작동하지 못하게 하는 중요한 원인이다. 이와 같이 거래 상대방이 하나 또는 극소수인 경우 갑질의 피해를 당하기 쉽기 때문에 거래 상대방을 늘리는 것이 동등한 입장에서 거래를 할 수 있는 기회를 넓혀 준다.

다만, 우리나라에서는 업종 간 수직계열화 형태로 거래하는 경우가 많고, 또 돈을 가진 쪽이 갑 역할을 하는 경우도 많기 때문에 거래처를 늘려도 갑을문화의 영향권에서 벗어나지 못할 수도 있다. 이와 같은 경우에는 해외 진출을 고려할 필요가 있다. 특히 상거래의 안전성이 보장되는 선진국일수록 대등한 입장에서 거래할 수 있는 기회가 많다. 사례를 들어 보자.

국내의 모 변압기 제조업체가 납품사업만을 수행하다가 발주자 요청에 따라 변압기 설치공사도 수행하게 되었는데, 요구사항의 변경이나 계약에 없는 요구가 많아 일을 수행하는 데에 애를 먹고 수익성도 별로 없었다고 한다. 그러던 중 우연한 기회에 해외 발주자의 요청으로 해외 현장의 설치공사를 수행하게 되었는데, 일의 진행도 깔끔하고 수익성도 훨씬 좋았다. 지금 이 회사는 해외 공사만 하는 것이 어떻겠느냐 하는 이야기까지 나오고 있다고 전한다.

해외 시장에 진출한다는 것이 그리 쉬운 일은 아니다. 문서 작성부터 의사소통, 거래처 파악, 리스크 검토 등 여러 가지 해결해야 할 문제들이 많다. 이러한 일은 스스로 처리하기보다는 관련 단체의 도움을 받는 것이 수월하면서 신뢰성도 높아 권장할 만하다. 정부의 관련 부처에서 해외 진출을 돕기 위한 단체나 커뮤니티를 지원하기도 하고, 일부 지방자치 단체에서도 도움을 받을 수 있다. 최근에는 미국 최대은행인 BBCN의 은행장이 한국 중소기업의 미국진출을 돕겠다는 발표도 있었다.(조선일보 2014.11.25) 또한 업종별로 구성되어 있는 협회를 통해 진출방안을 모색할 수도 있다.

- **사정(査定)방향의 변화 필요**: 기업 또는 정부가 부패하지 않도록 일의 잘잘못을 따져 확인하고 처벌하는 행위는 반드시 필요하다. 그러나 앞에서 이야기한 것처럼 모든 일에는 오류가 따르는 것이 정상이다. 허용범위 내에 들어오는 오류도 생긴다는 얘기다. 이와 같은 사항까지 처벌하면 갑은 자신의 오류를 은폐하기 때문에 업무의 개선을 저해한다. 따라서 허용범위 내의 오류는 처벌에서 제외하는 쪽으로 사정방침을 전환할 필요가 있다.

  이때 허용범위를 어디까지로 할 것인가가 문제가 되는데, 현재 우리나라에서는 허용범위가 제로(0)다. 여기에는 '1. 이성의 한계, 능력의 한계'에서 설명한 바와 같이 우리에게는 모든 일이 완벽할 수 있다는 무의식이 깔려 있기 때문이라고 본다. 따라서 조금이라도 오류가 있으면 그것은 잘못된 것이라는 사고가 우리의 머릿속에 심어져 있는 것이 아닌가 싶다.

  그러나 갑을문화의 메커니즘에서 설명한 바와 같이 오류를 허용하지 않으면 문제를 은폐하게 되고 그것은 개선기회를 막아 버리는 결과를 초래한다. 어떤 사건이든 사후(事後)에 돌이켜 보면 해결방안이 훤히 보인다. 그 때문에 마치 모든 문제는 미연에 방지할 수 있는 것으로 생각하게 되는 것이지만, 그것이 매우 큰 착각이라는 점을 깨닫지 못하면 엄청난 대가를 치르게 된다. 그것이 바로 현재 우리의 모습이다.

- **'Rule of Law'의 철저한 이행**: 우리나라에서는 오랜 기간 동안 법의 권위가 제대로 서지 못했다. 법에 규정된 내용에 따라 이행하는 집행력도 약했고, 피의자의 신분이나 재력, 영향력 등에 따라 판결이 달라지는 고무줄 법률이었기 때문이다. 강준만은 <갑과 을의 나라>

에서 '비리 공무원에 대한 처벌은 늘 솜방망이였다. 공무원의 뇌물 수수가 5000만원을 넘을 경우 징역 10년에서 무기징역까지 받도록 돼 있지만 1974년 이래 20년 동안 10년 이상 중형을 받은 사람은 단 한 사람도 없고 실형 선고 비율도 20%를 넘은 적이 없다'라고 얘기하면서 '한국이 시위공화국이 된 최대 이유는 법에 대한 불신과 더불어 이성적인 소통을 거부하거나 폄하하는 문화적 관행이다. 평화적으로 시위하면 언론도 기사 한 줄 안 써 준다. 폭력이 난무해야 부정적일망정 비로소 주목의 대상이 된다'라고 전한다.

'국민정서법'이라는 말도 법의 공정성을 믿지 못해서, 혹은 법의 집행 의지가 약하다는 것을 알기 때문에 생긴 것이다. 법의 공정한 적용과 집행은 사회의 부조리를 대폭 줄여 줄 뿐만 아니라 삶의 질을 높여 주는 중요한 수단이다. 중앙일보 뉴욕 특파원 이상렬은 미국의 사례를 다음과 같이 전한다. 칼 즈워너라는 플로리다 주민이 스위스 은행에 예금한 사실을 미국 국세청(IRS)에 신고하지 않았다가 예금액의 1.5배인 224만 달러(약 23억 원)의 벌금을 맞았는데, 'IRS는 평소 세무조사다 뭐다 하는 것으로 성가시게 굴지 않지만 한 번 찍으면 몇 년이 걸리든 집요하게 물고 늘어져 끝장을 보기 때문에 미국인들은 IRS 이름만 나오면 긴장한다'는 것이다. 그는 IRS의 그러한 속성을 '걸리면 죽는다'라고 표현하면서 그것을 '신뢰 사회의 조건'이라고 이름 붙였다. _중앙일보, 2014.6.7, '글로벌 아이', 이상렬 뉴욕 특파원

그의 말이 전적으로 옳다. 우리가 매년 국민소득을 카운트하면서 선진국에 진입할 날을 열심히 꼽아 보지만, 선진국의 기준은 그것이 아니라 사회의 신뢰도다.

덴마크는 국제투명성기구가 발표한 부패인식지수에서 175개 나라 중 1위를 해 '세계에서 가장 청렴한 나라'로 꼽혔는데, 주한 덴마크

대사인 토마스 리만은 덴마크가 청렴한 국가가 된 이유에 대해 200년 전 당시 국왕이 최측근이던 재무장관의 비리를 가차 없이 수사해 무기징역을 선고 받게 하면서 부패척결 분위기가 싹텄다고 하면서 '비리는 하루아침에 사라지는 것이 아니므로 부패를 뿌리 뽑으려면 정치적 결단과 끊임없는 실천이 중요하다'고 얘기한다.

__조선일보, 2014.12.5

사회의 모든 것을 감시하는 것은 가능하지도 않고 바람직하지도 않다. 다만, 잘못이 발견되었을 때에는 공정하고 공평한 법 집행을 통해 사회의 신뢰도를 높여야 하며, 그것은 갑을문화를 탈피하는 방법 중 하나이기도 하다.

- **김영란법 시행**: 인허가 비리, 철도·원자력 부품 납품 비리, 방위사업청의 무기 획득 비리 등 관(官)과 민(民)을 불문하고 여러 가지 부정과 비리는 돈이 오가는 것도 문제이지만 그들이 자신에게 주어진 역할과 반대되는 일을 저질렀다는 것이 더욱 큰 문제다. 전문성과 경험을 살려 업무를 발전시키라는 의도에서 전문부서나 기관을 설립했는데, 이들은 오히려 전문지식을 이용해 조직을 거꾸로 가게 만들었던 것이다. 이들은 암 중에서도 가장 지독한 악성 암과 같은 존재다. 이런 사람들을 적절하게 걸러내 주지 않으면 사회 전체가 큰 피해를 입게 되므로 지속적인 감시와 처벌이 필요하다.

미셸 푸코는 <감시와 처벌>에서 개인을 통제하기 위한 수단으로써의 감시와 처벌을 통해 권력을 강화하려는 것을 경고했는데, 자유라는 소중한 덕목은 간직하되 타인의 자유를 침해하는 행위에 대해서는 엄격한 감시와 처벌을 해야 한다. 나는 악(惡)을 크기 순서대로 나열한다면 다음과 같은 것이라고 본다.

▶ 최악(最惡) : 잘못된 이념에 의해 만들어진 국가나 정체(政體)
▶ 거악(巨惡) : 하나의 집단이 사익(私益)을 추구하며 뭉치는 것
→ 당쟁, ㅇㅇ피아, 폭력조직
▶ 차악(次惡) : 위 외에 사회의 신뢰와 안전을 해치는 행위
→ 각종 부정과 비리, 불특정 다수에 대한 사기(詐欺), 배임(背任), 살인, 강도
▶ 차차악(次次惡) : 특정 개인에 한정된 일
→ 절도, 세금이나 과태료 체납, 사기

위에서 얘기한 비리는 거악(巨惡)이나 차악(次惡)쯤 되지 않을까.

각종 부정과 비리에 연루되는 이유에는 여러 가지가 있지만 공통적인 것은 '돈'이다. 따라서 부정한 금품수수를 처벌하면 부정과 비리가 많이 줄어들 것은 당연한 일이다. 행위의 의도를 확인하는 것은 어려우면서 은폐하는 것은 쉽지만, 돈의 흐름은 명확하고 이 흐름을 통해 의도를 파악하는 것은 쉽다. 따라서 이를 통해 관련자를 처벌하는 것이 각자가 주어진 역할에 충실하도록 유도할 수 있는 좋은 방법이다. 이것이 부당한 청탁이나 부정한 금품의 수수를 금지함으로써 궁극적으로는 각 조직이 주어진 역할에 충실하도록 하려는 '김영란법(부정청탁 금지 및 공직자 이해충돌 방지법)'이 빨리 통과되어야 하는 이유다.

둘째, 책임소재의 명확화

책임이 누구에게 있는지를 명확하게 하는 가장 좋은 방법은 클레임 제도를 도입하는 것이다. 계약내용의 변동사항에 대해 갑과 을의 양자가 상호 주장을 통해 결론에 이르도록 하면 해당 사항의 책임소재가 자연적으로 밝혀지기 때문이다. 그러나 이 방법은 갑을문화에서 벗어났을 때에

적용할 수 있는 방법이어서 갑을문화의 탈피 방안으로는 적절하지 않다.

갑을문화가 지배하는 현재의 상거래 환경에서 책임소재를 명확히 할 수 있는 방법은 법률로 강제하는 것이 최선이라 생각된다. 제조물 책임법(Product Liability Law)이 제조물의 품질과 안전을 제조자가 보장하고 각종 결함에 대한 책임을 지도록 하고 있는 것처럼 용역계약에 대해서도 그와 같은 방식을 적용하면 책임소재가 명확해지지 않을까 생각한다. 을이 제기한 의견에 대해 갑의 행위가 정당하다는 것을 갑이 증명하도록 하는 것이다.

갑이 횡포를 부릴 수 있는 것은 사실을 증명할 수 있는 문서가 남아 있지 않기 때문인데, 위와 같이 강제하도록 하면 갑 스스로가 문서를 유지하도록 노력할 것이므로 클레임 제도와 유사한 효과를 볼 수 있을 것이다. 다만, 이것은 앞에서 이야기한 '사정(査定) 방향의 변화'와 병행하여 실시되어야 한다. 그렇지 않을 경우 억울한 피해자가 많이 나오게 된다. 따라서 정당한 오류와 정당하지 못한 오류는 구별되어야 하며, 정당하지 못한 오류도 의도적인 것과 비의도적인 것이 구별되어야 한다. 그렇지 않으면 부당한 판정이 나올 수 있는데, 부당한 판정은 의욕을 꺾어 버리기 때문에 판정이 없는 것보다 못하다. 따라서 모든 잘못이 처벌되는 현재의 인식이 유지된다면 지금 제안한 방법은 적용하지 않는 것이 오히려 나을 것이다.

계약의 변동사항에 대한 판정기관도 별도로 운영해야 할 것으로 본다. 용역내용에 대해 판단하기 위해서는 해당 분야에 대한 전문지식이 필요하므로 영국의 'Society of Construction'처럼 해당 산업에 정통한 단체가 담당하는 것이 효율적일 것으로 생각된다. 다만, 새로운 판정기관을 만들면 옥상옥과 같은 형태로 운영되는 경우가 많은데, 모든 사안에 대해 공정하게 판정하고 판정 결과는 공개토록 하여 본래 취지에 맞도록 운영할 수 있는 방안도 마련해야 한다.

아시아에서 비교적 깨끗한 정부로 인정받고 있는 타이완은 공무원이 깨끗한 이유에 대해 설명하면서 '모든 사안을 공개하고, 기회를 공평하게 주고, 평가를 공정하게 하는 것만이 사회의 부패를 막을 수 있는 유일한 방법'이라고 타이완 무역대표부 대표인 린존시엔은 말했다.

__〈공자가 죽어야 나라가 산다〉, 김경일 著, 바다출판사, 1999

셋째, 정직한 사회 만들기

앞에서 이야기한 '갑질의 횡포에서 벗어나기'와 '책임소재 명확화'는 결국 '정직한 사회'를 위한 중간 단계일 뿐이다. 정직함이 없다면 아무리 빡빡한 규제를 설치하고 감시와 처벌을 태산처럼 강화한다 해도 갑을문화에서 탈피할 수는 없을 것이다. 그렇게 할 경우 오히려 갑을문화가 심화될 수도 있다. 감시와 처벌을 담당하는 기관이 막강한 권한을 지닌 수퍼 갑이 될 수도 있기 때문이다.

갑을문화에서 완전히 벗어난다거나 완벽하게 정직한 사회가 만들어질 수 있다고 보지는 않는다. 다만 사회의 기본 틀은 정직해야 하고, 그렇지 않으면 발전을 담보할 수 없을 뿐만 아니라 삶의 질도 떨어질 수밖에 없다. 우리가 열심히 노력하는 것은 결국 행복한 삶을 위한 것인데, 삶의 질이 떨어진다면 존재의 의미가 어디에 있겠는가?

서구에서는 거짓됨을 가장 사악한 것으로 간주해서 재판정이나 국회에서 증언을 하기 전에 거치는 절차인 증인선서에 중요한 의미를 두고 있다. 빌 클린턴이 국회에서 증언을 하는 장면을 살펴보면 거짓을 말하지 않는 것을 알 수 있다(물론 자진해서 진실을 말하는 것도 아니지만). 그리고 워터게이트 사건에 연루된 닉슨 대통령도 거짓말 한 마디 때문에 대통령직에서 물러났다.

우리는 어떤가? 지나치게 폄하할 필요는 없지만, 그러한 행위가 거의 요식행위에 가깝지 않은가? 헤아릴 수 없이 많은 거짓이 흘러 다닌다. 수 개월 전 대입 수시모집에 응시하기 위해 학교 교사와 학부모가 공모하여 수능 자료를 조작한 사건이 발각됐을 때 그 학부모가 '강남에선 다 그러는데 왜 나만 갖고 그래요?'라고 한 말이 시중에 크게 회자된 적이 있다. 이는 의도적인 부정직함을 넘어 정직성에 대한 무감각을 나타낸 단적인 사례라고 할 수 있다.

이와 같은 사례는 여러 분야, 여러 계층에서 너무나 많이 발견된다. 사회적 약자를 지원하기 위한 정부 기금의 이자를 다른 계좌로 빼돌린 증권사, 철도 시설 납품과 관련하여 납품업자와 설계사, 감사(監査)가 함께 짜고 비리를 저지른 철(鐵)피아, 한강변에서 밤샘 술판 뒷자리를 그대로 방치하는 것은 물론 헌 옷이나 쓰레기까지 차에 싣고 와서 버리는 시민, 구급차 사이렌이 울려도 제 갈 길 가는 차량, 통행료만 내면 일사천리로 인허가를 내 주는 공무원, 초과 근무 자료를 허위로 작성하고 수당을 받아먹는 공무원, 제대로 된 기능을 갖추지 못한 무기나 장비를 공급한 방위사업청, 편파 판정으로 인해 해당 학생의 아버지를 자살로까지 몰고 간 태권도협회 간부 등등 정직성에 대해 무감각한 사례들은 여기저기 널려 있다.

과연 이러한 일들을 규제나 처벌을 통해 막아낼 수 있을까? 불가능하다. 이러한 일들은 금전적인 손실을 넘어 우리의 삶을 황폐하게 만든다. 행복지수란 사회가 공정하고 정직할 때 높아진다. 그런데 정직한 사회란 규제나 처벌, 선전이나 구호만으로는 만들어지지 않는다. 사고방식 자체가 바뀌어야 하는데, 그것은 진정 어려운 일이 아닐 수 없다. 일본의 사례를 살펴보자.

일본은 메이지 유신(明治維新, 1868~1889)을 통해 서양문물을 적극적으로 받아들이면서 근대화를 이루었는데, 여기에는 두 사람의 영웅이 있다. 후쿠자와 유키치(福澤諭吉, 1835~1901)와 사카모토 료마(坂本龍馬, 1835~1867)가 그들이다. 후쿠자와 유키치는 사상가로서, 그리고 사카모토 료마는 행동가로서 일본의 근대화에 큰 기여를 했다.

후쿠자와 유키치는 일본의 최고액 지폐인 1만 엔의 주인공이며 '일본의 벤저민 프랭클린'이라고 불리우는 인물이다. 그는 미국과 유럽 방문을 통해 서구 문명 발달의 바탕에는 회의(懷疑)의 정신과 자유로운 학문활동이 있다는 것을 간파하고 일본은 무조건 서양 문물을 택해야 한다는 점을 역설했다. 정확한 통찰이다. 그가 탈아론(脫亞論)을 주장하면서 조선과 중국을 이웃이 아니라 제국주의적 시각으로 대했다는 것이 우리에게는 불행한 일이었지만, 자신의 나라의 근대화를 위한 사상적 기반을 제공해 주었다는 점에서 그들에게는 영웅이 아닐 수 없다.

사카모토 료마는 사이고 다카모리(西鄕隆盛), 다카스키 신사쿠(高杉晉作)와 함께 일본의 마지막 무사 정권인 에도 막부가 스스로 권력을 포기하도록 함으로써 막부의 통치권을 천황에게 되돌리는 대정봉환(大政奉還)을 이루어 내어 일본의 근대화에 기여한 인물이다. 그가 자신의 고향인 도사(土佐) 번(藩)에서 도쿄로 향하는 배 위에서 작성한 선중팔책(船中八策)은 정권을 천황에게 되돌리는 중앙집권화 정책과 국회의 설치, 인재의 발탁, 외국과의 교류 등의 정책을 포함하고 있는데, 그는 이를 통해 근대적 제도의 틀을 만들고 국가를 중앙집권화함으로써 일본의 근대화에 실천적 역할을 다한 인물이다. 일본은 이 두 사람에 의해 봉건체제 국가에서 근대국가로 탈바꿈할 수 있었던 것이다.

우리에게는 단재(丹齋) 신채호(申采浩, 1880~1936)가 있었다. 그는 대한매일신보의 주필을 맡아서 한일합병에 반대하는 논설을 실었고, 그 외 각종 월보·회보 등에 민족의식을 고취시키는 글을 올렸다. 그는 그 외에 교육

활동과 비밀결사 활동을 통해 계몽운동을 전개했는데, 일제의 탄압 때문에 중국으로 망명한 후에는 무장 독립투쟁 노선을 견지했다. 그가 독립운동과 민족의식 고취에 힘을 쏟았고, 사료비판과 고증을 통해 역사적 사실의 인과관계를 통해 사실의 이해를 분명히 해야 한다는 근대적 역사 방법론을 실천했으며, 서양 문물을 받아들이자는 개화사상을 가지고 있었지만, 나라가 일본에 병탄(倂呑) 당하고 주변국의 위협에 처한 상황에 놓여 있어 성과를 내는 활동을 하는 데에는 한계가 있었을 것이다.

근대적 합리주의 사상을 내재화시킬 수 있는 기회가 없었다는 것이 우리에게는 불행이었다. 그 결과가 지금의 비합리적 사고, 부정직한 행위, 갑을문화라는 잔재(殘滓)로 남아 있다. 지금이라도 실사구시(實事求是), 경세치용(經世致用), 이용후생(利用厚生)으로 대표할 수 있는 실학사상에 기초하여 사회 시스템의 변화를 이끄는 사상가와 행동가가 필요하다. 사회 시스템이 충실했을 때 열정과 재능을 발휘하는 사람이 나오고, 공허한 주장이나 비합리적인 행위를 하는 사람이 줄어든다. 우리나라 사람들이 근면성과 열정이 뛰어남에도 불구하고 생산성이 형편없이 낮은 점, 열심히 일은 하지만 창의성이 취약하여 모두가 똑같은 목표를 향해 달리느라 보람이 없는 삶, 존재의미를 찾기보다 남보다 더 잘되기 위해서 모든 것을 바치는 바람에 피폐해지는 삶은 이제 떨쳐 버려야 한다. 우리에게도 그러한 방향을 제시해 줄 사상가와 행동가가 나오길 기대해 본다.

우리나라에 인문학 열풍을 불러일으키는 기폭제가 되었던 <정의란 무엇인가?>의 저자 마이클 샌델은 '좋은 삶을 이루기 위해 사회는 시민들이 사회 전체를 걱정하고, 공동체에 헌신하는 태도를 키울 방법을 찾아야 한다'라고 하면서 '사회적 행위를 시장에 맡기면 그 행위를 규정하는 규범이 타락하거나 질이 떨어질 수 있기에, 시장이 침입하지 못하도록 보호하고 싶은 비시장(非市場) 규범이 무엇인지 물을 필요가 있다.'라고 했다. 그리고 비시장 규범을 보호하기 위해서는 정치가 상호존중에 바탕을 두고서 도덕에 개입해야 한다면서, 그는 그것이 가능하리라고 보았다.

나는 정치가 도덕에 개입하는 것이 이상적인 목표로써는 좋을지 몰라도 현실적 측면에서는 비합리와 독단을 초래하지 않을까 하는 우려를 가지고 있다. 마이클 샌델이 '정의란 무엇인가'라는 한 권의 책을 통해서 여러 가지 형태의 정의론(正義論)을 감명 깊게 이야기해 주었지만 결론을 내리지 못했는데, 정의(正義)보다도 더 정의(定義)하기가 어려운 도덕을 정치에서 논의하는 것이 과연 타당할까 하는 회의가 드는 것이다. 정치란 근본적으로 사회의 이해관계를 조정하는 역할을 하는 것인데 비해 도덕은 이해관계를 초월했을 때 가능한 것이기 때문이다.

다만, 현실에 미치는 영향력이 가장 큰 정치권에서 그러한 논의가 이루어진다는 것은 충분한 가치가 있다고 생각한다. 그리고 우리는 그가 이야기하는 정의로운 사회 이전에 공정한 사회를 만들어야 하고, 그 바탕은 정직한 사회에 있다고 본다.

정직한 사회를 만들기 위해 당장에 노력을 기울여야 할 부분도 있다. 정직한 사회란 결국 의식이 바뀌어야 하는 것인데, 그것은 이해하는 것만으로는 이루어지지 않는다. 사실 지금도 대부분의 사람들이 정직한 사회의 필요성에 대해서는 이미 알고 있다. 그러나 스스로 정직함을 실천하려는 의지를 가진 사람도 부정직함에 의해 혜택을 받는 상황이 주변에 만연하게 되면 그러한 의지를 버리게 된다.

그렇다고 해서 주변의 환경이 정직함에 의해 혜택을 받는다는 것을 확인하게 됐을 때 사람들이 자동적으로 정직한 행동을 선택하게 된다는 것은 아니다. 토머스 홉스가 사회 속에서 사람의 일반적인 경향을 '끊임없이 권력을 추구하고자 하는 욕망을 가지고 있으며, 이 욕망은 죽어야만 멈춘다'라고 이야기한 것처럼 사람들은 사회 속에서 이기적인 욕망에 이끌리는 경향이 있기 때문이다.

그래서 정직함이 혜택을 받는다는 것보다는 부정직함이 언젠가는 그 대가를 치르게 된다는 것을 보여 주는 것이 더 효과적이다. 그렇게 하여 부정직함에서 멀어지게 되면 비로소 그 때 정직함에 의한 혜택을 모든 사람이 되돌려 받게 되는 것이다. 정직한 사회를 만들기 위해 우리가 지금 당장 할 수 있는 것은 바로 이와 관련된 일이다. **첫째, 부정직함은 그 대가를 받으리라는 것. 둘째, 그러한 의지가 공정하고 확실하게 집행되리라는 것.** 이 두 가지를 사회 구성원들이 피부로 느낄 수 있도록 하는 것이 바로 그것이다. 그런 뜻에서 '김영란법'과 'Rule of Law'가 필요하며, 이를 발전시켜 나가면 정직한 사회가 구현될 수 있을 것이다.

우리에게 인생이라는 시간이 주어진 것은 이해관계만을 따지기 위한 것이 아니라 삶의 의미를 찾기 위한 것인데, 삶의 의미는 사회가 만들어 줄 수 있는 것이 아니라 개인이 스스로 찾아야 하는 부분이다. 그러나 사회는 개인 각자가 삶의 의미를 찾아갈 수 있는 기회를 제공해 준다. 개인이 삶의 의미를 찾아갈 수 있도록 하는 데에 얼마나 큰 도움을 줄 수 있는가 하는 것이 바로 사회에 맡겨져 있기 때문에 좋은 사회를 만들기 위해 노력해야 하는 것이다.

나가는 글

일의 성과가 좋아지려면 두 가지를 고려해야 한다. 하나는 단위노력당 얻어지는 산출량을 뜻하는 생산성이고, 다른 하나는 투입에 비해 얼마나 많은 산출이 이루어졌는가를 뜻하는 이윤 혹은 잉여생산량이다.

생산성이 낮으면 이윤이 좋아지는 것을 기대하기 어렵지만, 반대로 생산성이 높다고 해서 반드시 이윤이 좋아지는 것은 아니다. 수요 감소로 인해 가격이 떨어진다거나 혹은 애당초 수주금액이 낮은 것이라면 아무래도 이윤을 많이 낼 수는 없다.

이 책에서 설명한 것은 생산성을 높이기 위한 방안에 관한 것이 대부분이지만, 동시에 적절한 수주금액이 어느 정도인지를 판단하는 데에도 명확한 근거를 제시해 줄 수 있는 방안으로 활용될 수 있다. 비록 사후적(事後的) 분석이기는 하지만 클레임 내용을 살펴보면 물량 차이에 의한 성과나 구매정책에 의한 성과, 혹은 오류나 낭비에 의한 결과 등 예실차이에 대한 분석이 정확하게 이뤄질 수 있기 때문에 다음 작업에 대한 적절한 피드백이 가능해진다. 그런데 우리에게는 그것이 불가능하다. 우리는 클레임에 의해 프로젝트를 진행하는 것이 아니라 프로젝트가 끝날 때쯤 설계변경을 통해 최종금액을 결정하는 물량정산(物量精算) 방식을 사용하기 때문에 정확한 예실분석을 할 수 없기 때문이다.

정확한 분석이 이뤄지지 않으면 제대로 된 개선도 어렵다. 무엇을, 얼마만한 정도로 잘못하는 것인지 알 수 없기 때문이다. 그래도 그러한 업무 수행 방식이 국내에서는 그럭저럭 통해 왔다. 해외시장에서도 클레임 관리가 허술했던 환경에서는 잘 헤쳐 나올 수 있었다. 그러나 최근 해외 시장은 저개발 국가조차도 발주자가 PMC사를 통해 클레임 관리를 크게 강화하고 있고, 계약방식도 거의 모든 리스크를 계약자가 부담하는 방식이 주를 이루고 있는 환경에서 종래의 업무 수행 방식은 더 이상 통하지 않는다. 이로 인해 막대한 적자를 기록한 기업이 있었지만, 나의 판단으로는 앞으로 2~3년 내에 해외사업으로 인한 위험 때문에 존립 자체를 우려해야 할 기업이 나올 것으로 생각된다. 프로젝트 수행환경과 계약방식이 바뀌었음에도 불구하고 우리의 업무방식에는 변화가 없기 때문이다.

이에 대비하기 위해서는 최소한 해외 프로젝트만이라도 업무방식을 바꿔야 한다. 업무방식을 바꾸되, 우리의 능력을 과신(過信)하는 것도 조심해야 한다. 이 책의 '제3부 프로젝트 관리 방법론과 협업체계'에서 설명한 바 있지만, 체계적 방법론을 도입하더라도 우리에게는 그것을 운용할 능력이 아직은 없다. 경험도 전무(全無)하다. 따라서 방법론 운영에 핵심이 되는 부분은 외부의 도움을 받아야 하며, 이러한 경험을 통해 기업 내부에 체계적 방법론을 이행할 수 있는 역량을 키워 나가야 한다. 국내에 체계적 프로젝트 관리 방법론 전체를 이행해 나갈 수 있는 사람은 아직 없지만, 방법론에 대한 지식 보유자나 국제계약 전문가, 공정관리 전문가, 클레임 관련 규약 전문가, 클레임 처리 경험자 등이 소수이기는 하지만 국내에 존재하고 있다. 이런 분들의 도움을 받는다면 우리의 프로젝트 관리 수준을 한 차원 높일 수 있을 것으로 생각된다.

'제4부 비즈니스 문화 개선을 위한 몇 가지의 고찰'은 우리의 비즈니스 환경이 왜 이렇게 글로벌 비즈니스 방식과 동떨어지게 되었는가에 대해 살펴본 부분이다. 문화현상은 그 사회 구성원의 사고방식과 밀접한 관계가 있는데, 이를 비즈니스 관점에서 그 뿌리를 찾아보고, 그것이 우리에게 어떤 영향을 미치는가에 대해 고찰해 보았다. 우리의 전통사상은 노장사상이나 유교, 그리고 성리학에 바탕을 두고 있는데, 이러한 사상의 특징은 사람을 완전한 존재로 보고 있으며, 따라서 지극한 정성과 노력을 다 하면 그것이 외부로 발현(發顯)되어 완전한 세상을 이룰 수 있다고 보는 데에 있다. 그러한 관념이 우리의 사고방식에 깔려 있기 때문에 문제가 생겼을 때 그것을 풀어 나가려는 것이 아니라 정답을 찾으려 하게 되는데, 이러한 사고방식은 지금도 그대로 남아 있다.

예를 들어 사회적 물의를 빚어내는 큰 사고가 발생했을 때 그 원인을 찾아 개선하는 것보다는 누가 잘못했는지를 찾아내는 데에 훨씬 큰 비중을 둔다. 이것은 상황이 아무런 문제가 발생하지 않을 정도로 완벽했는데 누군가가 잘못을 저질러서 그렇다는 사고에서 비롯된다. 잘못한 사람을 처벌하고 그 자리에 다른 사람을 집어넣으면 문제가 해결되는 것처럼 생각하는 것이다. 바로 그것이 '정답찾기'의 오류다. 만약 이것이 옳은 사고방식이었다면 세상의 모든 문제는 이미 오래 전에 말끔히 해결되었을 테지만, 현실은 그렇지 못하다.

바로 이와 같은 뿌리사상이 지금의 현실을 만들어 낸 것이고, 그것이 비즈니스 측면에서 나타난 것이 '갑을문화'라는 현상이라고 설명했다. 갑을문화의 영향은 너무나 지독해서 비즈니스 측면에서는 업무의 효과적인 개선을 막아 막대한 경제적 손실을 주고, 각 개인에게는 피폐한 삶을 돌려준다. 갑을문화에서 벗어난다는 것이 결코 쉬운 일은 아니지만, 여기에서 벗어나지 못한다면 사회의 발전이나 개인의 행복을 증진시키는 것은 기대하기 어렵다.

갑을문화에 의해 움직이는 사회의 반대되는 개념이 공정한 사회다. 사회의 소중한 덕목은 공정함이지만 사실 공동체 사회를 제외하고는 이 덕목을 완전하게 이룬 사례는 없다. 그러나 완전히 공정한 사회에 보다 가깝게 만들 수는 있다. 이를 위해 우리의 뿌리사상을 바꿀 수 있다면 가장 좋겠지만, 그것은 너무나 많은 노력이 필요하기 때문에 당장의 문제를 해결하기는 어렵다. 장기적인 노력과 더불어 지금 당장이라도 실행할 수 있는 것들을 찾아야 할 것이다. 예를 들어 부패를 보다 철저하게 처벌할 수 있는 법률을 제정하고, 그렇게 만들어진 법률을 공정하게 집행한다면 우리 사회의 신뢰수준을 크게 높일 수 있다. 만약 이와 같이 당장 실행할 수 있는 것조차 이행할 수 없다면 미래에도 기대할 것은 별로 없다. 올바른 제도를 마련하는 것과 그 제도를 제대로 이행하는 것은 공정한 사회를 만드는 가장 기본적인 바탕이기 때문이다. 마이클 샌델은 정의로운 사회에 대해 이야기하고 있지만, 우리는 그보다 훨씬 더 아래에 있는 정직한 사회조차 만들지 못하고 헤매기 쉽다.

스마트한 기기를 가지고 있다고 해서 생활이 스마트해지는 것이 아니라 스마트한 기기를 올바르게 사용했을 때 생활이 스마트해진다. 그와 마찬가지로 우리에게 좋은 환경을 만들어 주는 제도를 만들고 그 제도를 제대로 운영했을 때 우리의 삶이 풍요로워진다.

글로벌 프로젝트 관리와 갑을문화

(E&C 산업을 중심으로)

인쇄·발행 | 2015년 5월 20일 제1판 1쇄 인쇄
2015년 5월 27일 제1판 1쇄 발행

지은이 | 조 용 일

발행인 | 문 형 진

발행처 | **세 진 사**
136-087 서울특별시 성북구 보문로 38 세진빌딩
TEL : 922-6371~3, 923-3422·7224 / FAX : 927-2462
등록일. 1976. 9. 21 / 등록번호. 서울 제6-28호

값 14,000원

ISBN. 978-89-7121-941-6